常见

CHANGJIAN

MIFENYUAN ZHIWU

蜜粉源植物

何祥凤　徐书法 ◎ 主编

中国农业出版社

北　京

项目资助： 国家现代农业产业技术体系（蜜蜂）（CARS‐44‐KXJ 6）、中国农业科学院科技创新工程（CAAS‐ASTIP‐IAR）

主编

何祥凤　徐书法

编写人员（按姓氏笔画排序）

王　征　王秀红　李　薇　李南南　何祥凤

武江利　孟丽峰　胡若洋　徐书法　薛　菲

CHAPTER 1 | 第一章
植物学基础知识

　　蜜粉源植物既是蜜蜂食料的主要来源，也是决定蜂产品性状的重要因素。被子植物是地球上种类最多、分布最广、形态结构最复杂的植物类群，绝大多数蜜粉源植物属于这一类群。花是被子植物的生殖器官，也是花蜜、花粉等蜂产品的重要来源，因此了解花的基本结构是认识蜜粉源植物的基础。

第一节　花的基本构造

　　花实际上是缩短了的变态枝，是植物果实种子形成的物质基础。一朵典型的被子植物的花由花梗、花托、花被、雄蕊群和雌蕊群5个部分组成（图1-1）。

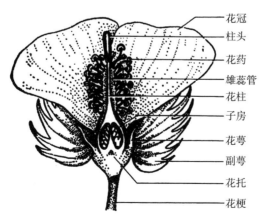

　　　　　　　　　　　　　　　　　　　　花冠
　　　　　　　　　　　　　　　　　　　　柱头
　　　　　　　　　　　　　　　　　　　　花药
　　　　　　　　　　　　　　　　　　　　雄蕊管
　　　　　　　　　　　　　　　　　　　　花柱
　　　　　　　　　　　　　　　　　　　　子房
　　　　　　　　　　　　　　　　　　　　花萼
　　　　　　　　　　　　　　　　　　　　副萼
　　　　　　　　　　　　　　　　　　　　花托
　　　　　　　　　　　　　　　　　　　　花梗

图1-1　花的组成

花梗或称花柄，是着生花的小枝，可以使花定位在有利于传粉、授粉的位置；其内部结构与茎相连，是茎向花输送各种营养物质和水分的通道。

花托是位于花梗顶端，略呈膨大状，着生花萼、花瓣、雄蕊群和雌蕊群的部位。

花被是花萼和花冠的总称，着生在花托的外围或边缘。花萼位于花的最外轮，由若干萼片组成，其结构和色泽与叶相似，一朵花中的萼片各自分离或多个联合。有些植物的花萼大而具色彩，呈花瓣状，有引诱昆虫传粉的作用。花冠位于花萼内轮，由若干花瓣组成，排成一轮或几轮，分离或有不同程度的联合。通常花瓣比萼片薄，且多具鲜艳色彩。花瓣的色彩主要是因为花瓣细胞内含有色素所致。含有色体的花瓣呈黄色、橙色或橙红色；含花青素的花瓣显示红色、蓝色、紫色等；有的花瓣两种情况都存在，这样的花往往绚丽多彩。花瓣基部常有腺体存在，可以分泌蜜汁和香味。多种植物的花瓣细胞还能分泌挥发油类，产生特殊的香味。所以花冠除具有保护雌、雄蕊的作用外，它的色泽、香味以及蜜腺分泌的蜜汁，都有招致昆虫传送花粉的作用，为进一步完成有性生殖创造有利条件。

雄蕊群是一朵花内所有雄蕊的总称。雄蕊着生在花冠的内方，一朵花中雄蕊的数目常随植物种类而不同。每个雄蕊由花丝和花药两部分组成。花药是花丝顶端膨大成囊状的部分，一般由4个花粉囊组成，少数植物为2个。花粉囊内有大量的花粉粒。花丝常细长，基部着生在花托或贴生在花冠上。花丝支持花药，使之伸展于一定的空间，有利于散粉。

雌蕊群是一朵花内的所有雌蕊的总称。通常植物的一朵花内只有1枚雌蕊。雌蕊位于花的中央，由柱头、花柱和子房三部分组成。柱头位于雌蕊的顶端，是接受花粉的部位。花柱是柱头和子房的连接部分，是花粉管进入子房的通道。子房是雌蕊基部膨大的部分，胚珠着生于子房内。

一朵具备以上各部分结构的花称为完全花，如果有一部分或两部分缺失的，称为不完全花。雌蕊和雄蕊如果生于一朵花上的称为两性花，只具一种花蕊而缺乏另一种花蕊的称为单性花，其中只有雌蕊的，称雌花，只有雄蕊的，称雄花。花被保存而花蕊全缺的称无性花或中性花。无被花、单被花、单性花和中性花都属于不完全花。雌花和雄花生于同一植株上的，称为雌雄同株；分别生于不同植株上的，称为雌雄异株。在同一植株上，两性花和单性花都存在的，称为杂性同株。

一、花被的形态

1. 花冠的类型

由于花瓣的分离或联合，花瓣的形状、大小，花冠筒的长短不同，形成的花冠类型也有所不同。常见有下列几种（图 1-2）：

（1）蔷薇型花冠：花瓣 5 枚或更多，分离，呈辐射状对称排列。如桃、梨、蔷薇、月季等的花冠。

（2）十字形花冠：花瓣 4 枚，离生，排列成"十"字形，如十字花科植物的花。

（3）蝶形花冠：花瓣 5 枚，离生，呈下降覆瓦状的两侧对称排列，最上 1 枚花瓣最大，称旗瓣，位于花最外方；侧面 2 枚较小，称翼瓣；最下 2 枚合生并弯曲呈龙骨状，称龙骨瓣，位于花的最内方。如豆科蝶形花亚科植物的花冠。

（4）假蝶形花冠：花瓣 5 枚，离生，呈上升覆瓦状的两侧对称排列，最上 1 枚旗瓣最小，位于花的最内方。侧面 2 枚翼瓣较小；最下 2 枚龙骨瓣最大，位于花的最外方。如豆科云实亚科植物的花冠。

（5）漏斗状花冠：花冠下部筒状，由此向上渐渐扩大成漏斗状。如牵牛花的花冠。

（6）辐射状（轮状）花冠：花冠筒极短，花冠裂片向四周辐射状伸展。如茄子、番茄的花冠。

（7）钟状花冠：花冠筒宽而稍短，上部扩大成钟形。如桔梗、沙参的花冠。

（8）唇形花冠：花冠基部合生成筒状，上部裂片分成二唇状，两侧对称。如唇形科植物的花。

（9）管状（筒状）花冠：花冠联合成管状（筒状）。如向日葵花序的盘花花冠。

（10）舌状花冠：花冠基部合生成短筒，上部合生并向一边开张成扁平状。如蒲公英的花冠。

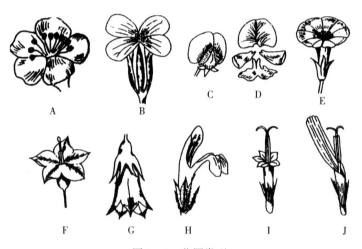

图 1-2　花冠类型

A. 蔷薇型花冠　B. 十字形花冠　C、D. 蝶形花冠　E. 漏斗状花冠
F. 轮状花冠　G. 钟状花冠　H. 唇形花冠　I. 筒状花冠　J. 舌状花冠

2. 花被在花芽中的排列方式

当萼片与花瓣长得很像而无法分辨时，将萼片与花瓣合称为花被。花被在花芽内的排列方式有以下 3 种（图 1-3）：

（1）镊合状排列：花瓣或萼片各片的边缘彼此接触，但不相互覆盖。如黄常山、葡萄、南瓜等的花被。

（2）旋转状排列：花瓣或萼片每一片的一边覆盖着相邻一片的边缘，而另一边又被另一相邻片的边缘所覆盖。如夹竹桃、棉花等的花被。

（3）覆瓦状排列：与旋转状排列很像，但必有一片完全在外，有一片则完全在内。如桃、梨、油茶等的花被。

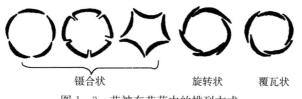

镊合状　　　　　旋转状　　覆瓦状

图1-3　花被在花芽中的排列方式

二、雄蕊的形态

根据雄蕊的发育程度、花丝是否合生、花药在花丝上的着生位置、花药开裂方式等，雄蕊有以下几种形态及相关重要术语：

1. 雄蕊的类型（图1-4）

（1）离生雄蕊：花中有多数雄蕊而彼此分离。

（2）单体雄蕊：花药完全分离而花丝联合成1束。如陆地棉、锦葵的雄蕊。

（3）二体雄蕊：花药完全分离而花丝联合成2束。如蚕豆、豌豆等的雄蕊。

（4）多体雄蕊：花药完全分离而花丝联合成4束以上。如蓖麻、金丝桃的雄蕊。

（5）二强雄蕊：雄蕊4枚，2枚较长，另2枚较短。如唇形科的一些种的雄蕊，金鱼草、泡桐、美国凌霄等的雄蕊。

（6）四强雄蕊：雄蕊6枚，其中外轮的2枚较短，内轮的4枚较长。如十字花科植物的雄蕊。

（7）聚药雄蕊：雄蕊的花丝分离而花药互相联合。如蒲公英的雄蕊。

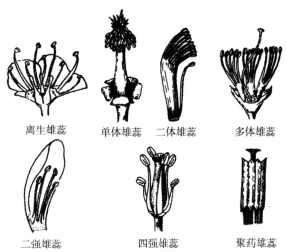

离生雄蕊　　　单体雄蕊　二体雄蕊　　　多体雄蕊

二强雄蕊　　　　　四强雄蕊　　　　　聚药雄蕊

图1-4　雄蕊的类型

2. 花药着生位置（图1-5）

（1）全着药：花药的一侧全部着生在花丝上。

（2）基着药：花药的基部着生在花丝的顶端。

（3）背着药：花药的背部着生在花丝上。

（4）丁字药：花药的背部中央着生在花丝顶端，整体形如"丁"字。

（5）个字药：花药形成两部分，基部张开，花丝着生在会合处，整体形如"个"字。

（6）广歧药：花药的两部分叉开呈一直线，花丝着生在会合处。

全着药　基着药　背着药　丁字药　　　个字药　　　广歧药

图1-5　花药的着生位置

3. 花药开裂方式（图 1-6）

（1）内向药：花药向着雌蕊一面开裂。如樟的第一、二轮雄蕊的花药。

（2）外向药：花药向着花冠一面开裂。如樟的第三轮雄蕊的花药。

（3）花药纵裂：花药成熟时，沿两花粉囊交界处呈纵行裂开。如苋、油菜、牵牛花、百合、毛蕊花等的花药。

（4）花药横裂：花药成熟时，沿花药中部呈横向裂开。如木槿、蜀葵、陆地棉等的花药。

（5）花药孔裂：花药成熟时，在顶端开一小孔，花粉由小孔散出。如茄子、杜鹃等的花药。

（6）花药瓣裂：花药成熟时，在侧壁上形成 1 个小瓣，花粉由小瓣上翘形成的孔散出。如月桂、日本小檗等的花药。

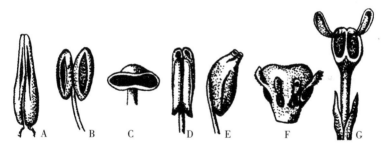

图 1-6　花药开裂方式

A、B. 纵裂　C. 横裂　D、E. 孔裂　F、G. 瓣裂

三、雌蕊的形态

根据子房位置、构成雌蕊的心皮数目及合生与否、胎座类型等，雌蕊有以下几种形态及其相关重要术语：

1. 子房位置

子房着生在花托上，由于与花托连生的情况不同，可分以下几种类型（图 1-7）：

（1）上位子房：又叫子房上位，子房仅以底部与花托相连，花的其余部分均不与子房相连。根据花被位置又可分为两种情况。上位子房下位花：即子房上位花被下位，子房仅以底部和花托相连，萼片、花瓣、雄蕊着生的位置低于子房，如刺槐的子房。上位子房周位花：子房上位花被固位，子房底部与杯状花托的中央部分相连，花被与雄蕊着生于杯状花托的边缘，如桃的子房。

（2）半下位子房：又叫子房中位，子房的下半部陷生于花托中，并与花托愈合，花的其他部分着生在子房周围的花托边缘上，从花被的位置来看，可称为周位花。如马齿苋的子房。

（3）下位子房：又叫子房下位，整个子房埋于花托中，并与花托愈合，花的其他部分着生在子房以上花托的边缘，故也叫上位花。如梨、苹果的子房。

上位子房下位花　　上位子房周位花　　半下位子房　　　下位子房
　　　　　　　　　　　　　　　　　　（周位花）　　　（上位花）

图1-7　子房位置的类型

2. 雌蕊类型

根据组成雌蕊的心皮数目、离合与否可分以下类型（图1-8）：

单雌蕊　　　　离生单雌蕊　　　　　　复雌蕊

图1-8　雌蕊类型

（1）单雌蕊：1朵花中的雌蕊只由1枚心皮所构成，称为单雌蕊。如蚕豆、豌豆的雌蕊。

（2）离生单雌蕊：1朵花中有彼此分离的几枚或多枚心皮，因而各雌蕊也彼此分离，称为离生单雌蕊，在这种情况下把全部雌蕊称作雌蕊群。如玉兰、毛茛、梧桐等的雌蕊。

（3）复雌蕊：1朵花内有几个相互联合的心皮，构成1个复雌蕊，亦称合生雌蕊，如棉、番茄等的雌蕊。复雌蕊各部分的联合情况不同，有子房、柱头和花柱全部联合的，如百合的雌蕊；也有子房和花柱联合而柱头分离的，如西番莲的雌蕊；也有只是子房联合而柱头、花柱彼此分离的。复雌蕊的腹缝位于2枚心皮彼此愈合的部分，如果复雌蕊是由3枚心皮合成的，则可见到3条腹缝，相应的有3条背缝，出现在3枚心皮的背面中肋处。

3. 胎座类型

胚珠在子房室内着生之处称为胎座。常见的胎座类型有下列6种（图1-9）：

（1）边缘胎座：由单心皮构成一室子房，胚珠着生于子房的腹缝线上。如蚕豆、梧桐、豌豆、日本樱花等的胎座。

（2）侧膜胎座：由2枚以上心皮合生构成一室子房或假数室子房，胚珠沿腹缝线着生于心皮的边缘。如罂粟、三色堇、海桐等的胎座。

（3）中轴胎座：由多心皮构成多室子房，心皮边缘在中央处联合形成中轴，胚珠生于中轴上。如扶桑、橙、百合、金鱼草等的胎座。

（4）特立中央胎座：多室复子房的隔膜消失后，胚珠着生在由中轴残留的中央短柱周围。如石竹、报春花、马齿苋等的胎座。特立中央胎座式的中央短柱也可能是心皮基部向子房中央伸长而形成的。

（5）顶生胎座：子房一室，胚珠着生于子房室的顶部。如榆属、桑属植物的胎座。

（6）基生胎座：子房一室，胚珠着生于子房室的基部，如菊科植物的胎座。

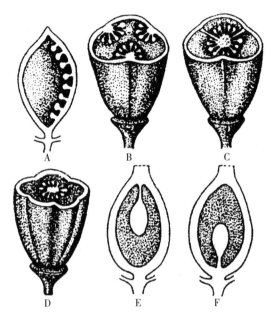

图 1-9　胎座类型

A. 边缘胎座　B. 侧膜胎座　C. 中轴胎座

D. 特立中央胎座　E. 顶生胎座　F. 基生胎座

四、花程式和花图式

为了简明地描述一朵花的结构，花各部分的组成、排列位置和相互关系，可以用一个公式或图案把一朵花的各部分表示，前者称花程式，后者称花图式。

1. 花程式

花程式是用字母、符号及数字，按一定的顺序列成类似数学公式来表示花的特征。通过花程式可表明花各部分的组成、数目、排列、位置，以及它们彼此间的关系。

通常用 K 或 Ca 代表花萼（calyx）；用 C 或 Co 代表花冠（corolla）；A 为雄蕊群（androecium）；G 为雌蕊群（gynoecium）；P 为花被（perianth）（花萼和花冠无明显区别）。花的各部分数目用阿拉伯数字 1、2、3、4、5……表示，写于字母的右下角，其中以"∞"表示数目很多而不定数；"0"表示缺少或退化；在数字外加上"（）"表示该花部彼此合生，不用此符号者为分离；某部分分为数轮或数组时，则在各轮或各组的数字之间用"＋"号相连。关于子房的位置，"$\underline{G}$"表示子房上位，"$\overline{\underline{G}}$"表示子房半下位，"$\overline{G}$"表示子房下位。G 的右下角三组数字依次表示一朵花中组成雌蕊的心皮数、每个雌蕊的子房室数和每室的胚珠数，三组数字之间用"："号相连。花程式最前面冠以"♂/♀"表示两性花，"♂"表示雄花，"♀"表示雌花；"＊"表示辐射对称花（整齐花），"↑"表示两侧对称花（不整齐花）。

2. 花图式

花图式是用花的横剖面简图来表示花各部分的数目、离合情况、排列的位置和胎座类型。花图式的上方一个黑点表示花轴或花序轴，这是花图式绘制时的定位点。花部的远轴片和近轴片以及子房横切面角度都依此点而定。通常用有肋的实心弧线表示苞片，有肋且带直线条的弧线表示花萼，无肋的实心弧线表示花冠，雄蕊和雌蕊就以它们的实际横切面图表示。

用花图式可以直观地表示花部的联合或分离、多面对称或单面对称的排列情况，但不能表达子房是上位还是下位，也不能表达胚珠数。因此花图式和花程式各有所长，故常常同时使用。

分别以百合、蚕豆为例，其花程式和花图式如图 1－10、图 1－11 所示。

（1）百合：百合花为多面对称；花被 6 枚，2 轮，每轮 3 枚；雄蕊 6 枚，2 轮，每轮 3 枚；雌蕊由 3 枚心皮组成，合生，子房上位，3室，每室有多数胚珠。

百合花程式：$* P_{3+3} A_{3+3} \underline{G}_{(3;3;\infty)}$。

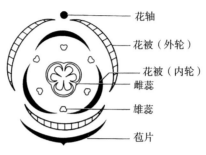

图 1-10 百合花图式

（2）蚕豆：蚕豆花为单面对称；花萼合生，5裂；花冠由5片花瓣组成，旗瓣1枚，翼瓣2枚离生，龙骨瓣2枚合生；雄蕊群有雄蕊10枚，其中9枚合生，内轮的1枚分离；子房上位，由1枚心皮组成，1室，胚珠多数。

蚕豆花程式：$\uparrow K_{(5)} C_{1,2,(2)} A_{(9),1} \underline{G}_{1;1;\infty}$。

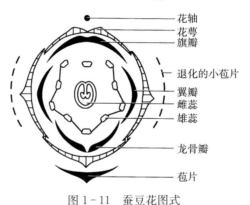

图 1-11 蚕豆花图式

五、花序

当单独一朵花生于茎枝顶端或叶腋部位时，称为单顶花或单生花，如玉兰、牡丹、芍药、莲、桃等的花序；当多数花密集成簇，生于茎的节部时，称簇生花，如白榆、紫荆的花序。大多数植物的花密集或稀疏地按一定顺序排列，着生在特殊的总花轴上，形成花序。花序的总花轴称花序轴。花序的多种变化形式，根据花序轴上花排列方式的不同，以及花序轴分枝形式和生长状况不同，可分为无限花序和有限花序两大类，每大类又各分几种不同类型。

1. 无限花序

无限花序也称总状类花序，它的特点是花序轴在开花期间，可以继续生长。各花的开放顺序是基部的花先开，然后向上方依次开放。如果花序轴短缩密集呈一平面或球面时，开花顺序是先从边缘开始，然后向中央依次开放。无限花序又可以分成以下几种类型（图1-12）：

（1）总状花序：花序轴单一，较长，着生有柄的花朵，各花的花柄大致长相等，开花顺序由下而上。如紫藤、荠菜、油菜、臭荠等的花序。

（2）柔荑花序：花序轴上着生许多无柄或短柄的单性花（雌花或雄花），花序轴通常柔软下垂，但也有直立的，开花后一般整个花序一起脱落。如杨、柳、麻栎、枫杨、榛等的花序。

（3）伞房花序：或称平顶总状花序，是变形的总状花序，与总状花序的不同在于，着生在花序轴上各花的花柄长短不等，下部花的花柄较长，自下而上逐渐变短，因此，各花排列在同一个平面上。如豆梨、苹果、樱花等的花序。

（4）伞形花序：花序轴短缩，各花着生在花序轴的顶端。每朵花有近等长的花柄，因而各花在花序轴顶端排列成圆顶形，开花的顺序是由外向内。如人参、五加、常春藤等的花序。

（5）穗状花序：花序轴直立，较长，上面着生许多无柄的两性花，由下而上开放。如车前、马鞭草等的花序。

柔荑花序

总状花序

伞房花序

伞形花序

穗状花序　肉穗花序

佛焰花序

头状花序

隐头花序

复总状花序

复穗状花序

复伞形花序

图 1-12　无限花序类型

　　（6）肉穗花序：花序轴直立、粗短、肥厚而肉质化，上生多数单性无柄的花，如玉米、香蒲的雌花序。有的肉穗花序下面还包有一片大型的佛焰苞，因而这类花序又称佛焰花序。如灯台莲、半夏、天南星、芋等的花序。

（7）头状花序：花序轴极度缩短而膨大，花无柄或近无柄，各苞片常集成总苞，开花顺序由四周向中央（向心式开放）。如菊、蒲公英、向日葵等的花序。

（8）隐头花序：花序轴特别肥大而内陷成中空状，许多无柄小花隐生于凹陷空腔的腔壁上，整个花序仅留有一小孔与外方相通。如无花果的花序。

以上所列各种花序的花序轴都不分枝，所以是简单花序。另有一些花序轴具分枝，每一分枝上又呈现某种花序，这类花序称复合花序。常见的有以下几种：

（9）圆锥花序：或称复总状花序，在长的花序轴上分生许多小枝，每小枝自成一总状花序。如南天竺、稻、燕麦、凤尾兰等的花序。

（10）花序轴有一或二次分枝，每小枝自成一个穗状花序。如小麦、马唐等的花序。

（11）复伞形花序：花序轴顶端丛生若干长短相等的分枝，各分枝又成为一个伞形花序。如野胡萝卜、前胡、小茴香等的花序。

2. 有限花序

有限花序也称聚伞类花序，它的特点是顶花先开放，从而限制了花序轴的继续生长。各花的开放顺序是由上而下，或由内而外。有限花序又分为以下几种类型（图1-13）：

（1）单歧聚伞花序：花序轴顶端先开一花，然后在顶花的下面花序轴的一侧形成一侧枝，侧枝端的花又先开，如此继续向前生长，所以整个花序是一个合轴分枝式的。相继的各级侧枝都由同一侧生出，常呈螺壳状卷曲，这种聚伞花序称螺状聚伞花序，如七叶树、附地菜等的花序；如果相继的各级侧枝由两个相反的方向交互生成2列，则构成蝎尾状聚伞花序，这种花序有时外观呈总状或穗状，如雄黄兰、虎耳草、垂盆草、鸡

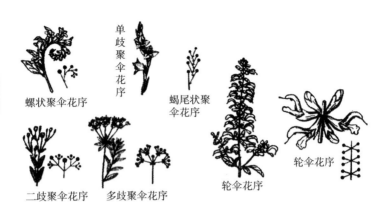

图 1-13　有限花序类型

矢藤等的花序。

（2）二歧聚伞花序：也称歧伞花序，顶花下的花序轴向着两侧各分生 1 枝，枝端生花，每枝再在两侧分枝，如此反复进行，开花次序为离心式，即由中央向外开放，如金丝桃、卷耳、繁缕、冬青卫矛等的花序。

（3）多歧聚伞花序：花序轴顶端发育一花后，顶花下的轴上又分出 3 个以上的分枝，各分枝又自成一小聚伞花序，如泽漆、银边翠等的花序；次级花序密集，也称密伞花序，其构成单位是杯状聚伞花序。

（4）轮伞花序：聚伞花序着生在对生叶的叶腋，花序轴及花梗极短，呈轮状排列，如一些唇形科植物的花序。

第二节　蜜腺和花蜜

蜜腺是植物体分泌糖汁的外分泌组织，由一层或数层分泌细胞群组成，或由表皮细胞及其内部相邻的细胞特化而来。组成蜜腺的细胞小而密集，无液泡。植物学家林奈在对植物进行分类的时候发现，植物的萼片、花瓣和雄蕊基部有一种可以分泌甜液的腺体。德国学者 C.K. 施佩格尔对尼泊尔老鹳草的观察发现其花瓣基部的细毛下也有分泌甜液的腺体，这些腺体就是蜜腺。它通过分泌花蜜来吸引昆虫传粉，促进植物繁衍后代。与此同时，英国人也在花器官以外的部位发现了蜜腺。关于植物花外蜜腺的功能，"保护假说"认为，植物通过花外蜜腺提供糖分吸引蚂蚁等捕食者的拜访，来减少植食性昆虫的危害。

一、蜜腺的分布和类型

根据蜜腺在植物器官上的分布，可将蜜腺分为花内蜜腺和花外蜜腺两大类。

1. 花内蜜腺

花被蜜腺：分布于花被、花萼或花瓣上，常在花被上形成突起，或由其基部的特定区域表层细胞特化形成。龙胆科、锦葵科、毛茛科的植物常具有花被蜜腺。

雄蕊蜜腺：分布于雄蕊的花药、花丝或者雄蕊的附属物上。石竹科、樟科的一些植物具有雄蕊蜜腺。

花托蜜腺：着生于花托之上，具有特定突起结构，如十字花科和杨柳科植物的蜜腺；或贴生于凹形花托内壁之上，如蔷薇科和柳叶菜科一些种的蜜腺。

子房蜜腺：由子房基部外侧表层细胞特化成的蜜腺组织，如枸杞等的蜜腺；或者起源于子房基部的表层细胞，形成特殊的突起结构，如景天科一些植物的蜜腺。

花盘蜜腺：可分为围绕子房基部的花盘蜜腺和下位子房的花盘蜜腺。围绕子房基部的花盘蜜腺由花托顶部花盘的花盘原基发育分化形成，在卫矛科、鼠李科、葡萄科、芸香科、无患子科、漆树科以及唇形科的植物中普遍存在。伞形科和五加科的植物中，子房与萼筒合生，形成下位子房，具上位花盘，形成下位子房的花盘蜜腺。

花柱蜜腺：位于雌蕊花柱上，属于较为进化的蜜腺类型。如蒲公英的蜜腺。

隔膜蜜腺：百合科、鸢尾科和芭蕉科等类群单子叶植物的子房发育过程中，因 3 枚心皮不完全愈合，隔膜之间的空隙处形成蜜腺。

有些植物的一朵花存在两种或两种以上蜜腺类型。如楝科的苦楝既有呈环状围绕于子房基部的花盘蜜腺，又有呈环状围绕于雄蕊基部外表面的雄蕊蜜腺。

2. 花外蜜腺

花外蜜腺是指分布在幼茎或叶（叶片、叶柄或托叶）等营养器官上的蜜腺，一般常见于叶上，如棉花叶脉、橡胶树叶柄基部、乌桕叶柄顶端和叶片基部、臭椿叶缘、蚕豆托叶等。大多数植物的花外蜜腺在生产上没有实际意义，但一些植物的花外蜜腺能够分泌花蜜吸引蜜蜂采集，如棉花、橡胶树等的蜜腺。表 1-1 列出了部分蜜源植物的蜜腺位置。

表 1-1　部分蜜源植物的蜜腺位置

蜜腺种类	蜜腺位置	代表性植物
花内蜜腺	位于花被基部	荞麦、水蓼
	位于花萼基部或花萼上	椴树、陆地棉
	位于花瓣内侧基部	毛蕊花
	位于花距内	凤仙花、旱金莲、柳穿鱼、天竺葵
	位于花萼或花冠与雄蕊之间	荔枝、龙眼
	位于雄蕊上或雄蕊基部	油菜、山茶、紫花苜蓿
	位于雄蕊与子房之间	枣、桃、李、樱桃、盐肤木、柽柳
	位于子房基部	刺槐、紫云英、荆条、泡桐、甘薯、柑橘
	位于花管内周	沙枣、向日葵
	位于子房顶端围绕花柱基部	南瓜（雌花）、鹅掌柴、枇杷、苹果、风信子、桉属植物

蜜腺种类	蜜腺位置	代表性植物
花内蜜腺	位于柱头下面的环上	马齿苋
	位于子房的中隔内	唐菖蒲、水仙属等单子叶植物
	位于花的苞片上	陆地棉、海岛棉
	位于花柄上	红豆
	位于花序轴上	乌桕
	位于花序上	陆英
花外蜜腺	位于叶脉上	棉花
	位于叶缘上	臭椿、桃、凤仙花、蓖麻、油桐、千年桐
	位于叶柄上	乌桕、橡胶树、田菁、西番莲、油桐、蓖麻、千年桐、银合欢、楹树
	位于托叶上	蚕豆、西番莲、大巢菜、小巢菜

二、蜜腺的结构

蜜腺的结构通常有两种：一种由分泌表皮和泌蜜组织构成，如革苞菊雌花的蜜腺随着大孢子的发育而分化成表面、内部两种不同类型的细胞。表面的分泌表皮细胞由单层细胞组成，内部的泌蜜组织由多层多边形细胞组成，蜜腺中无维管束。又如獐牙菜花蜜腺是由分泌组织及附属物鳞片和流苏组成。分泌组织分布于花冠组织中，裸露或被鳞片、流苏以各种方式遮盖，裸露的被称为腺斑，其形状有圆形、长圆形、马蹄形等。被附属物遮盖的泌蜜组织被称为蜜窝，有囊状、杯状，其开口处具毛状流苏。另一种由分泌表皮、泌蜜组织和维管束3部分构成。这类蜜腺的植物如短果大蒜芥，其蜜腺为不规则的环状突起。维管束来自花托维管束的分枝。大量研究认为，分泌组织细胞内含有浓厚的细胞质，有显著的细胞核和大量的细胞器（线粒体、内质网、高尔基体、核糖体等），分泌细胞具有体小、壁薄、核大、胞质颗粒致密、内质网多等特征。分泌组织通常和韧皮部的维管束相接，而植物蜜腺的维管束主要是由韧皮部组成。

不同植物的蜜腺结构不同，即使是同一植物，其蜜腺结构也可能存在差异。例如，旱柳的雌花序着生在子房基部与花序轴之间的花托上，其形态为扁平的半圆形、心形或哑铃形，内部结构由表皮、泌蜜组织和维管束组成。雄花序着生在花丝与花序轴和苞片之间，呈棒状，内部结构由表皮和泌蜜组织组成。

三、蜜腺的形状和颜色

蜜腺的形状因植物种类而异，有环状、粒状和杯状等。蜜腺的颜色一般较相邻组织的颜色鲜艳，多数呈现黄、橘黄、绿、赤等较深的颜色，其中以黄色居多，绿色次之，这些颜色易为蜜蜂或其他授粉昆虫识别。表1-2列举了常见蜜腺的形状、颜色及其代表植物。

表1-2 常见的蜜腺形状、颜色及其代表植物

类别	性状	代表植物
蜜腺形状	圆形	油菜、蚕豆、荞麦
	环形	柠檬桉、柃木、地锦槭
	盘状	荔枝、枣
	棒状	野坝子、香薷
	瘤状	紫椴、柑橘
	肾形	柳属植物
	杯状	一品红
	槽形	角果毛茛

（续）

类别	性状	代表植物
蜜腺颜色	黄色	柳属植物、柃木、柠檬桉、荞麦、一品红、紫椴
	绿色	油菜
	黄绿色	地锦槭
	橘红色	枣
	紫色	蚕豆

四、蜜腺的泌蜜方式

1. 以分泌细胞的组织类型进行分类

蜜腺的泌蜜方式多种多样，不同方式与产生分泌细胞的组织类型有关。当分泌细胞为薄壁细胞时，分泌物质先到细胞间隙，从细胞间隙流到表皮的气孔，由表皮开放的气孔泌出；当分泌细胞是由表皮细胞发育而来，若其外无角质层时，分泌物质是通过细胞直接扩散到外围环境中，若表皮细胞外具角质层，分泌物质由扩散的方式通过细胞壁，由角质层的破裂而泌出。一般认为，植物蜜腺的泌蜜方式主要是渗透型和胞吐型两大类。前者泌蜜组织细胞内通常贮有大量的淀粉粒，在泌蜜期通过水解作用，将淀粉转化成单糖或双糖，以渗透方式分泌到细胞外。胞吐型蜜腺的泌蜜组织细胞内一般不贮藏淀粉，前蜜汁是由韧皮部运转到泌蜜组织中的，它经过内质网或高尔基体的加工、浓缩，以小泡的方式分泌到细胞外。比如我们常见的旱柳雄花蜜腺主要以渗透型方式分泌，而雌花蜜腺的泌蜜方式以胞吐型为主，雌、雄花的表皮中均分布变态气孔，通过渗透型或胞吐型泌出的分泌物质都是由气孔排出体外。

2. 以花蜜成分的来源进行分类

通过对蜜腺的显微形态和超微结构及其泌蜜模式的大量研究，人们发现，花蜜中的糖类和无机离子主要来自韧皮部汁

21

液；部分次生化合物如生物碱、环烯醚萜苷、硫代葡萄糖苷和酚类等是通过被动扩散从韧皮部转运而来；其他非糖物质如花蜜蛋白、脂类、萜类等（蜜腺自身加工的产物）主要来自蜜腺组织（卿卓 等，2014）。

人们对泌蜜过程及泌蜜机理提出了几种假设：来源于韧皮部汁液的糖类主要以蔗糖的形式进入蜜腺组织，而进入蜜腺组织的糖类及经蜜腺加工的其他非糖物质往往会在泌蜜前转运到用于储存花蜜前体物质的囊泡中，形成成熟花蜜。随后成熟的花蜜主要通过2种模式，一种是通过外分泌腺分泌或分子主动跨膜转运，另一种是通过颗粒性分泌或囊泡的膜与质膜的融合，从蜜腺分泌细胞分泌出来。

五、花蜜的产生与成分

1. 花蜜的产生

光合作用是花蜜形成的物质基础。花蜜的分泌与植物体内营养物质的积累、分配和运输规律相适应，是一种主动的生理过程，并且都是在花期进行。不同植物种类或不同环境条件下植物分泌的花蜜成分不同，并影响蜜蜂的采集。

绿色植物光合作用的产物是植物进行各种生理活动的物质基础。这些有机物质首先被用于自身的生长发育，剩余部分积累并储存于植物体某些器官的薄壁组织中。当蜜源植物开花时，原蜜汁由筛管产生，通过孔状和泡状及胞间连丝运输，以淀粉粒形式贮存，在高尔基体和内质网中加工，通过蜜孔分泌到体外（舒金帅，2016），这些蜜汁就是花蜜。所以，花蜜的产生依赖于植物某一时期有机营养物质的积累。

花的泌蜜量不但受蜜腺泌蜜的生理活动影响，如蜜腺的发达程度决定了植物分泌花蜜的能力（舒金帅 等，2014），而且还受蜜源植物光合作用积累的有机物质多少影响。蜜腺的正常泌蜜依赖于植物体的物质运输和呼吸作用。研究证明，

JMT NTR1、*NEC 1*、*NEC 3*、*CYP86B 1* 和 *SWEET 9* 5 个基因与花蜜合成及分泌相关（Kram et al.，2008）。*SWEET9* 参与蔗糖的转运，在一定程度上解释了花蜜合成和分泌过程中的蔗糖运输过程（舒金帅，2016）。不同植物开花泌蜜所需物质来源存在差异。一年生草本植物或农田作物开花泌蜜所需物质，主要来源于当年的物质积累；二年生或多年生草本，则部分来源于上一年的物质积累；乔木和灌木花蜜中的糖分多数来自上一年或上一个生长季节所储存的物质，如椴树等。

2. 花蜜的成分

花蜜含水量很高，通常为 40％～95％。糖类是花蜜中主要的有机物，其次还含氨基酸、无机离子、蛋白质和脂类等，有些花蜜还含有生物碱、萜类、黄酮、维生素、油以及一些挥发性物质。许多研究者认为，花蜜的成分及其浓度与访花者觅食偏好相适应。近年的研究发现，花蜜的糖浓度决定着传粉者种类，这与某些访花者不能吸食黏度太高的花蜜有关。研究表明，蜜蜂对植物所提供的花蜜浓度、花蜜中各种糖和氨基酸的含量有鉴别能力，并根据需要选择采访与否，同种植物不同的品种由于其花蜜浓度、成分差异而影响蜜蜂采集。

糖类：花蜜总体上可看作是糖类的水溶液，糖类是花蜜中的主要能源物质。大多数花蜜都是由葡萄糖、果糖和蔗糖组成，少数花蜜中还含有单糖（甘露糖、阿拉伯糖、木糖）、二糖（麦芽糖、蜜二糖）或者是更罕见的寡糖（棉籽糖、松三糖、水苏糖）（Wykes，1952；Baker et al.，1982）。此外，有些花蜜中含有糖的衍生物，如地中海植物花蜜中通常含有山梨糖醇（Petanidou，2005）。花蜜的糖浓度往往在植物种间、甚至种内变化都非常大，这主要取决于植物的种类和环境条件，其浓度从 4％～60％ 不等，在有些特殊情况下甚至会更高（Herrera et al.，2006）。而花蜜含糖量在时间上的变化则主要受植物蜜腺泌蜜模式的影响（花蜜分泌速率或重吸收速率）

（Nicolson，2007）。花蜜的含糖量能影响蜜蜂的采集兴趣。只有在外界蜜源缺乏时，蜜蜂才去采集花蜜含糖量低于8％的蜜源。一般情况下，蜜蜂只采集花蜜含糖量在8％以上的蜜源。若外界蜜源丰富，则往往要等到含糖量达15％以上时才去采集。

氨基酸：花蜜中氨基酸的种类在种间变化很大，丙氨酸、精氨酸、丝氨酸、苏氨酸、脯氨酸和甘氨酸是花蜜中比较常见的氨基酸，而组氨酸和含硫的蛋氨酸在花蜜中非常罕见。此外，花蜜中氨基酸的浓度在种内和近缘种间都比较稳定（González-Teuber et al.，2009）。组成蛋白质常见的20种氨基酸都已在花蜜中发现。花蜜中还含有一种或多种非组成蛋白质的氨基酸（non-protein amino acids）存在，如β-丙氨酸、鸟氨酸、高丝氨酸和γ-氨基丁酸。其中一些被证实对访花者有毒害作用（Nicolson，2007）。此外，人们还发现，氨基酸种类和浓度通常在不同的蜜腺类型中有所不同，这可能与采访的昆虫相关。在所有已发现的花蜜氨基酸中，脯氨酸被认为是一种非常独特的氨基酸，昆虫能够识别并倾向于利用脯氨酸作为起飞时的能量物质（Gardener et al.，2002；Carter et al.，2006）。当同时提供2种富含不同氨基酸的花蜜时（脯氨酸、丙氨酸、丝氨酸），蜜蜂更喜欢脯氨酸，其次为丙氨酸，而丝氨酸对蜜蜂具有一定的驱避性。

蛋白质：20世纪30年代，植物学家就发现植物花蜜中存在各种各样的蛋白质。Beutler于1935年首次在椴树属（*Tilia*）植物花蜜中发现具有活性的蔗糖转化酶。随后，50—70年代，科学家们相继在花蜜中检测到转葡萄糖苷酶、转果糖苷酶、酪氨酸酶、磷酸酶、多酚氧化酶、细胞色素氧化酶、抗坏血酸氧化酶、酯酶以及苹果酸酯脱氢酶等（Zimmerman，1983）；葱属（*Allium*）植物花蜜中的蒜氨酸酶具有抗菌功能，甘露糖结合凝集素对部分访花者（如蚜虫和线虫）具有防御功能，但对蜜蜂却没有驱避功能。

无机离子：花蜜中无机离子可能来源于植物韧皮部汁液，但其进入蜜腺组织的方式有多种，这取决于不同植物蜜腺组织基于韧皮部汁液是否对某些离子进行了选择性吸收。花蜜中无机离子相对浓度的差异也可能是不同植物为了满足各自传粉者对离子需要而协同进化的结果。

脂类：植物花蜜中的脂类物质在一定程度上能够替代花蜜中的糖类物质，为传粉者提供丰富的能量。含有脂类的花蜜也常常含有抗氧化的有机酸，尤其是抗坏血酸，这些抗氧化物具有防止油脂酸败的功能，对脂类浓度较高的花蜜具有保护作用。

酚类：花蜜中的酚类物质往往会使花蜜呈现一定的颜色，如红色、黄色、琥珀色、棕色、黑色等。不同的传粉者类群对于花蜜中的酚类物质具有不同的偏好。作为气味化合物的酚类既可以从嗅觉上吸引传粉昆虫、天敌或者驱避盗蜜者，同时又具有一定的防御功能——抗菌作用，或作为信号分子。

生物碱：很多植物花蜜中都含有生物碱，自然界植物花蜜中生物碱的浓度对蜜蜂并没有驱避作用，低浓度的尼古丁和咖啡因反而对蜜蜂有吸引作用，高浓度的花蜜生物碱可能会增加蜜蜂对花粉的转运量。

萜类：花蜜中大部分萜类物质可能来源于其他花部器官的挥发物，花蜜中萜类物质与昆虫趋性偏好有关。

第三节　影响花蜜分泌的因素

植物各器官的形态构造、生长与发育及生理代谢活动等是相互联系和相互影响的，生殖器官所需要的营养物质是由营养器官供应，它的形成与发育是建立在营养器官良好生长的基础上。所以，健壮的营养器官是形成花朵数量和质量及泌蜜量的基础。体现了植物生活的整体性及生长与发育的相关性。从营养生长到花芽分化和花器官形成，直至开花、泌蜜等各阶段都受到外在因素和内在因素的影响。

一、外在因素的影响

外在因素对植物开花的数量和质量、开花早或迟、花朵寿命、花期长短以及泌蜜量的影响很大。外界因素主要包括光照、温度、水分，也包括大气湿度、风和土壤等生态因子。栽培蜜源植物还受到人为农业技术管理措施的影响。

二、内在因素的影响

影响植物开花和泌蜜的另一方面是内在因素，外因通过内因而起作用。内在因素主要有以下几种：

1. 生物学特性

各种植物都有自己的生物学特性，不同植物的光合作用强度、糖类的转化与运输、输导组织的分布和容量、开花习性与花朵寿命、蜜腺的大小和蜜腺酶系等都有很大差异。栽培蜜源作物或果树由于品种或品系不同，上述诸方面也会有差异，所以各种植物的泌蜜量大小、泌蜜时间长短和花蜜浓度是不同的。

由于植物种类不同，开花泌蜜时对生态因子作用的反应也不同。

2. 树龄

对大多数木本植物而言，必须达到一定的年龄才能开花泌蜜。处于不同年龄阶段的树种，其开花数量、开花时间、花期长短、泌蜜量都存在差异。在相同的生长环境下，通常幼树和老龄树先开花，但其花朵数量较少，花朵开放参差不齐，泌蜜较少。中壮年树开花稍迟，但花朵数量多，泌蜜多，开花较整齐。

3. 长势

同一种植物在相类似的气候条件下，生长健壮的植株，花芽分化产生的花朵数量多，花朵质量较好，所以开花多泌蜜多，单株花期较长。相反地，如果长势差，花芽分化产生的花朵数量少，花朵质量也差，泌蜜少，单株花期较短。但是，如果由于人为技术管理措施不妥或外界生态因子影响造成长势过旺，同样会造成产生的花朵数量少，开花迟，泌蜜少。

4. 花的位置和花序类型

单生花类的蜜源植物，植株或枝条下部的花最先开放，泌蜜较少，中部的花朵开花较迟，泌蜜最多，植株或枝条最顶端的花最迟开放，泌蜜最少。同一植株的主枝和侧枝上的花也有差别，处在同部位的主枝上的花先开放，侧枝上的花迟开放。

无限花序类中长序轴的开花顺序是自下而上，如油菜等，中部的花朵泌蜜最多，最顶部的花朵泌蜜最少。无限花序类中短序轴的开花顺序是由外周向中心开放，如向日葵等，花序周围的花先开放，泌蜜少，里面的花稍迟开放，泌蜜最多，最中心的花最迟开放，泌蜜最少。

有限花序类植物的花是从上部至下部、从中心向外周顺序开放，早开和晚开的花朵泌蜜量小，中间时间开放的花朵泌蜜量大，如甘薯等。

5. 花的性别

雌雄同株植物的单性花，由于性别不同，其泌蜜量存在差异。有的雌花泌蜜量较多，如黄瓜、乌桕和荔枝等；有的雄花泌蜜量较多，如香蕉等。

6. 蜜腺

蜜腺的大小、发达程度也会影响泌蜜量。如油菜有两对蜜腺，较大一对的泌蜜量明显多于较小一对的泌蜜量。同属于无患子科植物，荔枝和龙眼的蜜腺比无患子的发达，泌蜜量也相应增多。

7. 大小年

有些木本蜜源植物开花泌蜜有明显的大小年现象，如椴树、龙眼等。由于植物种类不同以及栽培果树的品种和管理技术措施不同，大小年的轻重程度也有差别。造成大小年的重要原因是树体内营养物质供求关系不协调，即开花结果与营养生长物质供求的矛盾。

现以龙眼为例加以说明，龙眼是以强壮的夏梢和秋梢作为次年开花结果的母枝，而夏梢和秋梢的抽生状况与当年的结果量和技术管理措施有密切关系。如果当年开花结果多，即为大年，树体内养分大量供应果实发育和增大的需要，体内消耗营养物质多而积累少，不能从当年结果母枝的侧芽萌发较多的夏梢和秋梢作为次年开花结果的母枝，从而导致次年开花少，结果少，产量低，即为小年。在小年里，因开花结果少，树体内营养物质消耗少而积累多，夏梢抽生多而且壮，一部分夏梢直接作为来年开花结果母枝，另一部分夏梢的侧芽继续萌发为秋梢作为来年开花结果母枝，使来年开花结果多，产量高，又成为大年。在大年里，开花多，泌蜜多。

大小年的轻重程度与品种和农业技术措施有密切关系。早熟品种大小年程度较轻，晚熟品种则较重。不同品种，其产量稳定性也有差异。在大年里适当疏花疏果，适时适量供给肥水，加强管理，能使当年结果枝的侧芽抽生较多的夏梢，次年的小年程度就较轻。在养蜂生产利用上，小年里开花量能达到65％～70％的场地就可以利用。

8. 授粉与受精作用

当雌蕊授粉受精以后，植物由营养生长向生殖生长转变，大多数蜜源植物花蜜的分泌也随之停止。在正常的气候条件下，植物授粉 12～48h 后完成受精，如油菜（18～24h）、黄瓜（6～16h），这一活动后花蜜停止分泌。同时，Pankiw 和

Bolton（1965）发现紫苜蓿的小花被蜂类打开后，花蜜就停止积累。受精后由于子房得到胚产生的生长素而日渐发育为果实。某些柑橘品种不需要受精而能单性结果，如温州蜜橘、南丰蜜橘、"华盛顿"脐橙、无核橙、无核柚等，原因是这些品种的子房壁含有较多的生长素或具有产生生长素的能力，因此不受精子房也能发育为果实。它们多在花瓣开始脱落时花蜜的分泌就停止。

第四节　花粉粒的发育及形态结构

一、花粉的发育

花粉是花粉粒的总称，花粉粒是由小孢子发育而成的雄配子体。花粉囊内的花粉母细胞经减数分裂产生 4 个子细胞，每个子细胞染色体数目是花粉母细胞的一半，这 4 个子细胞起初是连在一起的，叫四分体。不久，这 4 个细胞彼此分离，最后发育成单核花粉粒（小孢子）。小孢子不断长大，细胞核由中央位置移向细胞的一侧，并进行分裂，形成一个营养细胞和一个生殖细胞，形成成熟的花粉粒。成熟的花粉有内、外两层壁包围。外壁（exine）质地坚厚，含有大量孢粉素，并吸收了绒毡层细胞解体时生成的类胡萝卜素、类黄酮素和脂类、蛋白质等物质，积累于壁中或覆其上，使花粉外壁具一定的色彩和黏性。内壁（intine）富有弹性，由纤维素、果胶质、半纤维素、蛋白质等组成，包被花粉细胞的原生质体。

成熟花粉粒按照营养细胞和生殖细胞的数目分成两种类型。一种是二细胞型花粉粒，只含营养细胞和生殖细胞，如棉花、桃、李、茶、杨、柑橘等植物的花粉粒；另一种是三细胞型花粉粒，含有一个营养细胞和两个精细胞，如水稻、大麦、小麦、玉米、油菜等植物的花粉粒。

二、花粉的类型及形态结构

1. 花粉的类型

成熟的花粉可以分为两种类型。一种是单粒花粉，花粉粒单独存在，大多数植物的花粉属于这一类型。另一种是复合花粉，两个以上花粉粒集合在一起形成的花粉。此外，许多植物的花粉粒能够集合在一起形成花粉块，如兰科、萝摩科植物的花粉。

2. 花粉粒的对称性和极性

多数花粉粒具有对称性，也有少数不对称的花粉粒。花粉粒有两种不同的对称性，即辐射对称和左右对称。有些花粉粒不能辨别出极性，称为无极花粉粒。多数情形下花粉粒都具有明显的极性。极性花粉粒可分为等极、亚等极和异极 3 种花粉类型。

3. 萌发孔

花粉壁薄弱的区域常形成萌发孔或萌发沟。当花粉萌发时，花粉管由此伸出。大多数植物的花粉粒具萌发孔，花粉粒萌发孔的形状、结构、位置、数目和排列具有极强的种属特异性。有些植物的花粉粒上无萌发孔，如黄三七等。

4. 外壁构造

花粉粒经过酸或碱处理以后，花粉粒内部的生活物质及柔软的内壁会被溶解掉，留下来的只有花粉外壁。花粉外壁通常又可分为（外壁）外层和（外壁）内层，在电子显微镜下，有些花粉外壁内层（底层）是有层次结构的，有的可以形成各种不同的图案。

花粉粒表面光滑或者呈波浪形，有的花粉粒表面还具有小刺、瘤、颗粒等，形成各种各样的雕纹，花粉粒表面的雕纹可分为 9 种（图 1-14、表 1-3）。

光切面

表面

| 颗粒状 | 瘤状 | 条纹状 | 棒状 | 刺状 | 脑纹状 | 穴状 | 网状 | 负网状 |

图 1-14 花粉粒雕纹的类型

表 1-3 花粉粒表面的雕纹类型

雕纹类型	描 述
颗粒状	表面具颗粒，颗粒的大小可以有变化
瘤状	圆头状突起，最大宽度大于高度
条纹状	雕纹成为相互平行的条纹
棒状	雕纹分子圆头状，高度大于最大宽度
刺状	具刺或小刺，末端尖或钝，但基部的宽度比末端的宽度大得多
脑纹状	雕纹形成弯曲的线条，似脑纹路
穴状	表面具凹进的穴
网状	基柱联结形成各种大小网状雕纹。网由网脊及网眼组成，网眼及包围它的网脊形成一个网胞。网脊有宽有窄，网眼有大有小，形状也有很大变化
负网状	网脊部分凹进，网眼部分凸出

　　光学显微镜下，花粉粒表面雕纹分子形成的图案称为雕纹，覆盖层下柱状分子形成的图案称为肌理，表面雕纹或肌理不能区别时一律称为纹理。扫描电镜下，只能显示出表面结构，显示不出覆盖层结构。

5. 花粉粒的形状和大小

　　花粉粒的大小变化幅度很大，最小的花粉粒，其最大直径小于 $10\mu m$，而最大的花粉粒直径在 $200\mu m$ 以上。显微镜下使花粉粒在甘油中"打滚"，便可清楚地看到花粉粒的立体形状。可根据表 1-4 标准划分出不同的花粉粒形状。

表 1-4 花粉粒形状划分标准

（王伏雄 等，1995）

形状	极轴：赤道轴	比值
超长球形	＞8：4	＞2.00
长球形	（8：4）～（8：7）	2.00～1.14
近球形	（8：7）～（7：8）	1.14～0.88
扁球形	（7：8）～（4：8）	0.88～0.50
超扁球形	＜4：8	＜0.50

三、花粉的化学成分

花粉中富含蛋白质、氨基酸、糖类、维生素、脂类等多种营养成分以及酶、辅酶、激素、黄酮、多肽、微量元素等生物活性物质，因此有"微型营养库"之美誉。

花粉中蛋白质含量一般为 7%～40%。不同种类植物的花粉中蛋白质含量不同。胡杨、薜荔、灰叶胡杨、刺梨、香蕉、龙眼、萝卜等植物花粉中蛋白质含量较高，每 100g 中可达 40g；其次为油菜、萝卜、紫云英、胡枝子、荷花、荞麦等植物，每 100g 中蛋白质含量可在 20g 以上。荆条、板栗、黑松等植物花粉中的蛋白质含量较低。

不同植物花粉中总氨基酸含量和必需氨基酸含量不同。总氨基酸含量以薜荔、金樱子、黄栀子、萝卜、甘薯中较高，每 100g 中含量在 27g 以上；含量较低的有杨梅、荞麦、山里红、荆条和泡桐等，每 100g 中含量在 15g 以下。除人体必需氨基酸以外，从花粉中还分离出一种具有显著生理活性的氨基酸——牛磺酸。牛磺酸是一种含硫氨基酸，是婴儿正常生长发育所必需的，并且具有显著的抗氧化、抗疲劳和抗衰老的作用。每 100g 玉米、荞麦花粉中牛磺酸的含量约为 200mg；每 100g 油菜和黄瓜花粉中牛磺酸的含量在 100mg 以上。

不同植物花粉中，各种矿物质元素的含量差别较大。含钾较高的花粉有薜荔、茶、疏花蔷薇和黄栀子等的花粉，每100g含量均在500mg以上。含锌较多的花粉有萝卜、甘薯、刺梨等的花粉。含铁较高的有荷花、龙眼、杏、荞麦、玉米等的花粉。矿物质元素可以以脂肪结合态、蛋白质结合态以及可溶性糖结合态存在。如油菜花粉中，铁元素和锰元素的蛋白质结合态含量最高，锌元素的蛋白质结合态、可溶性糖结合态以及脂肪结合态含量相当。

植物花粉中含有丰富的维生素，是一种天然维生素浓缩物。其中以B族维生素较为丰富，包括维生素 B_1、维生素 B_2、维生素 B_3、维生素 B_5、维生素 B_6、维生素 B_{12} 以及胆碱、叶酸和肌醇等，此外还有维生素A、维生素C、维生素E、维生素P、维生素K、维生素D以及胡萝卜素和类胡萝卜素等。各种花粉中维生素的含量差别较大。苹果、杨梅、蒲公英、荆条等的花粉中维生素A的含量每100g超过20mg，紫云英、甘薯、柳的花粉中维生素 B_1 的含量较高，紫云英、芝麻和龙眼花粉中维生素 B_2 的含量较高，乌桕、龙眼和甘薯等花粉中维生素 B_6 含量较高，芝麻、泡桐、盐肤木、芝麻菜等花粉中维生素C含量较高。苹果、向日葵、荷花的花粉中维生素 B_3 含量较高。苹果和松的花粉中胡萝卜素含量较高。

花粉中脂类含量占花粉干重的 1‰～20%，主要以不饱和脂肪酸和类脂的形式存在，不饱和脂肪酸主要包括油酸、花生四烯酸及亚油酸等，其中亚油酸和花生四烯酸为人体必需脂肪酸。类脂主要包括磷脂、糖脂、固醇等。桂花花粉中多不饱和脂肪酸的含量占脂肪酸总量的 80% 以上，在山楂、李和甘薯的花粉中不饱和脂肪酸占脂肪酸总量的 60% 以上。

第二章 | CHAPTER 2

蜜粉源植物

第一节 蜜粉源植物的概念及分类

根据植物为蜜蜂提供的产品，可将蜜粉源植物分为蜜源植物、粉源植物、蜜粉源植物。

1. 蜜源植物

凡具有蜜腺而且能分泌甜液，并被蜜蜂采集酿造成蜂蜜的植物，称为蜜源植物。它是蜜蜂食料的主要来源之一，是发展养蜂生产的物质基础，如荔枝、刺槐、椴树、白刺花、野坝子等。有些植物有蜜腺，但无法分泌甜液供蜜蜂采集，有些植物开花时虽然也分泌甜液，但因花冠筒太细、太深或有特殊味道，蜜蜂采不出来或不去采集，这些植物均不能称为蜜源植物。

2. 粉源植物

开花时能产生较多的花粉，并为蜜蜂采集利用的植物，称为粉源植物。花粉是蜜蜂调制蜂粮的主要原料和蜜蜂生长发育所需的蛋白质、脂肪、维生素、矿物质元素等的主要来源，是生产蜂花粉和蜂王浆的物质基础，如玉米、高粱、松等是粉源植物。有些植物产生的花粉很少，没有可供蜜蜂采集利用的花粉，有些植物的花粉有特殊气味蜜蜂不采集利用，这些植物不能称为粉源植物。

3. 蜜粉源植物

既有花蜜又有花粉供蜜蜂采集利用的植物，称为蜜粉源植物。蜜粉源植物中，有些是蜜多粉多，如油菜等；有些是蜜多粉少，如荔枝、枣、刺槐等；有些是粉多蜜少，如蚕豆、紫穗槐等。

广义上常把蜜源植物和蜜粉源植物甚至粉源植物，统称为蜜源植物。

按植物在养蜂生产中的作用分为主要蜜源植物、辅助蜜粉源植物、粉源植物和有毒蜜粉源植物。

（1）主要蜜源植物：在养蜂生产中能采得大量商品蜜的植物称为主要蜜源植物，如荆条、椴树、油菜、荔枝、野坝子等。它们通常是数量多，面积大，花期长，泌蜜量大。

（2）辅助蜜粉源植物：在养蜂生产中不能采得大量商品蜜，仅用以维持蜂群生活和供蜂群繁殖的植物，如瓜类、梨等。它们有的是数量少，零散分布；有的虽面积不小，但花蜜量很少；有的泌蜜量不小，但开花泌蜜期很短，它们都难以采得大量商品蜜。

（3）粉源植物：能为蜜蜂提供大量花粉采集的植物。

（4）有毒蜜粉源植物：产生的花蜜或花粉含有毒生物碱或不易消化的多糖类物质，对蜂或人类有毒害作用的植物。如百合科的藜芦花蜜、花粉能引起蜜蜂中毒死亡；茶科的油茶等的花蜜能使蜜蜂寿命缩短，幼虫腐烂。

由于我国地域辽阔，地形复杂多样，地势东西差异较大，各地自然条件千差万别，有些蜜源植物的性质也发生地域性变化，加上人为因素的影响，植物分布状况有很大差异，蜜源植物的作用在不同地区也可能不同。同一种蜜源植物是属于主要蜜源或属于辅助蜜粉源植物，常因所在地区的数量、分布集中或分散、花期长短以及泌蜜量多少等变化。如甘薯在福建沿海的惠安、晋江等地是晚秋主要蜜源植物之一，但在闽北和其他地区则不属于蜜源植物；大豆在东北和山东一些地方开花泌蜜，而在福建则开花不泌蜜。主要蜜源植物和辅助蜜粉源植物在养蜂生产中都很重要，是相辅相成的关系。假如某地只有主要蜜源植物而缺乏辅助蜜粉源植物，就不能在主要蜜源植物开花来临之前把蜂群繁殖成强群，到了主要蜜源植物开花时，蜂群仍然很弱，甚至还需要利用主要蜜源进一步繁殖，从而耽误主要蜜源植物开花泌蜜期的生产时机，不能取得高产的经济效益。相反，如果一个地方只有辅助蜜粉源植物而缺乏主要蜜源植物，即使蜂群繁殖得很强壮，也采收不到商品蜜，因而对于定地饲养的蜂场无法取得经济效益。所以，在建立养蜂场或寻找蜜源场地时，既要了解主要蜜源植物，也要详细了解辅助蜜粉源植物的情况。生产中以采蜜为主的蜂群，多利用辅助蜜粉源植物来繁殖，为采集主要蜜源培育适龄采集蜂；以生产蜂王浆为主的蜂群，连续不断的辅助蜜粉源植物比短期的主要蜜源植物更为重要，具有长期连续不断的辅助蜜粉源植物条件是蜂王浆生产的物质基础，为了获得蜂王浆高产，应重视辅助蜜粉源植物的场地选择。

根据蜜源植物开花的季节，分为春季蜜源植物（如荔枝、龙眼、柑橘等）、夏季蜜源植物、秋季蜜源植物、冬季蜜源植物。同一种蜜源植物由于分布地区、生态环境的不同，开花时期不是绝对的。有的地区的春季蜜源植物，在另一地区可能是夏季蜜源植物。

按蜜源植物的其他用途，大致可分为药用蜜源植物、油料蜜源植物、粮食蜜源植物、园林蜜源植物、牧草蜜源植物、林木蜜源植物等。

第二节　常见蜜粉源植物

一、十字花科（Cruciferae）

草本，稀亚灌木。单叶互生。总状花序或圆锥花序，十字花冠，四强雄蕊，蜜腺位于雄蕊基部，2枚心皮合生成侧膜胎座。长角果或短角果。

油菜

别名菜薹、寒菜、胡菜、苔芥。芸薹属（Brassica）一年生或二年生草本。

【形态特征】根据油菜的形态特征、农艺性状可将我国油菜分为白菜型、芥菜型和甘蓝型（图2-1）。

图2-1 油菜
1. 植株的一部分 2. 花果枝 3. 花

白菜型油菜俗称油青菜、本地油菜、小白菜、矮油菜、甜油菜等。主要有两种：一是北方小油菜，植株矮小，分枝少，茎秆细，基叶不发达，叶形椭圆，有明显的琴状裂片，具多刺毛，被薄白蜡粉；二是南方油白菜，形如白菜，为白菜油用变种，株型比北方小油菜大，茎秆粗壮，叶肉组织疏松，基叶发达，全缘或有小缺刻，多不具蜡粉。白菜型油菜，生长快，开花早，生育期150～200d，花瓣淡黄或黄色，大小中等，开花时花瓣两侧重叠。种子大小不一，褐色或黄褐色。因生育期短，适应性较强，在中国北部和西部高寒地区仍以种植白菜型油菜为主。加拿大和瑞典偏北部也只种白菜型油菜。此外，种植白菜型油菜的国家还有印度、巴基斯坦等。

　　芥菜型油菜俗称大油菜、高油菜、辣油菜、苦油菜等。由白菜型油菜原始种和黑芥杂交而得。其植株高大，株型疏散，分枝纤细，分枝部位较高。幼苗基部叶片小而狭窄，叶柄明显，叶面皱缩，具刺毛和蜡粉，叶缘呈琴状深裂，有明显锯齿，如大叶芥油菜、细叶芥油菜、黑芥等。芥菜型油菜生育期中等，为160～210d，抗旱、抗寒、耐瘠薄。花瓣较小，4枚分离。角果细而短，种子较小，呈红色、褐色或黑色，有辛辣味。

　　甘蓝型油菜是由分布于中亚细亚一带的白菜型原始种与至今仍分布于地中海北部沿海的野生甘蓝通过自然种间杂交得到的一个复合种。甘蓝型油菜起源于欧洲，于20世纪30年代由朝鲜、日本和英国引入我国栽培，已广泛分布于全国各地，以长江流域各地油菜主产区分布最为集中。欧洲偏北部各国和加拿大西部草原地区的偏南部分布较多。甘蓝型油菜主要特点是植株高大，枝叶繁茂。苗期叶色深，叶形似甘蓝，叶有明显裂片，叶片被蜡粉，叶缘呈锯齿状或波状，基叶有明显的叶柄。花瓣大，黄色，重瓣花冠。角果较长，种子黑或黑褐色。花粉为黄色，花粉粒长球型，赤道面观为圆形或椭圆形，极面观为3裂片状，具3孔沟，沟细，长至极端，内孔不明显。外壁表面具明显的网状雕纹，网孔略近圆形，间或不规则多边形（图2-2）。

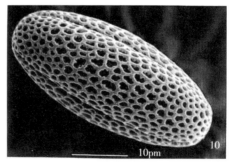

图2-2　油菜花粉粒

【分布】由于各地自然条件不同，我国油菜栽培上分春播和秋播。二年生油菜为秋播，冬季或次年春季开花，俗称冬油菜。六盘山以东和延河以南、太岳山以东为冬油菜区，即长城以南、黄河中下游地区、陕西关中平原和渭北高原、甘肃东南部和武都以南地区、长江流域以南各地及台湾，占全国油菜总面积的 90% 左右。甘蓝型油菜在南方冬油菜区种植面积占 70% 以上，其余为白菜型和芥菜型。一年生油菜是春季播种，夏季开花，俗称春油菜。六盘山以西和延河以北、太岳山以西为春油菜区，即分布于冬季寒冷，油菜不能安全越冬的西北高原、青藏高原、华北的长城一带及以北地区、东北各地。这一区域除青藏高原主要栽培白菜型外，其余地区主要栽培芥菜型，兼种植其他类型。油菜喜温暖，土层深厚、肥沃且湿润的土壤。

由于油菜类型多，适应性强，耐寒、耐旱，其分布遍及全国。目前除北京、天津、吉林、海南、香港、澳门、台湾油菜种植面积非常小或不种油菜外，我国其他地区均有种植。油菜作为大宗作物栽培，近年来其种植面积不断扩大，2005 年全国种植面积为 727.85 万 hm^2。我国油菜种植面积居前五位的省份是湖北、安徽、四川、湖南和江苏，约占全国总面积的 60.8%。根据气候、生态条件的不同，我国油菜生产可划分为四个区域，即长江流域冬油菜区、西北油菜区、东北春油菜区和华南冬油菜区，其中长江流域及以南各地为油菜主产区。

【开花泌蜜习性】油菜花期因品种、栽培期、栽培方式以及各地气候条件等不同而异。同一地区开花早迟依次为白菜型、芥菜型、甘蓝型。白菜型比甘蓝型开花早 15～30d。同一类型中的早、中、晚熟品种花期相差 3～10d。移植的比直播的早开花 8～10d。秦岭及长江以南地区白菜型花期为 1～3月，芥菜型及甘蓝型花期为 3～4 月。华北及西北地区，白菜型花期为 4～5 月，芥菜型及甘蓝型花期为 5～6 月，东北及西北部分地区延迟至 7 月。油菜花期也因海拔不同而有很大变化。如青海境内海拔 1 800～2 300m 的湟水流域盛花期为 7 月，海拔 3 100m 的青海湖畔盛花期为 8 月。早期油菜供繁殖蜂群，中、晚期油菜可供生产蜂蜜、蜂王浆和蜂花粉。油菜群体花期一般为 30～40d，主要泌蜜期 25～30d。类型和品种多的地区，花期长达 45～60d。如遇阴雨天气，花期可延长几天，如一直为晴好天气，花期会缩短几天。

不同品种油菜开花泌蜜要求的温度也不同。通常气温 12℃以上开花，适宜温度 14～18℃，气温 10℃以下开花数量显著减少，5℃以下多不开花。泌蜜适温 18～25℃，适宜相对湿度 70%～80%，若高于 94%或低于 60%对开花不利。湿度过高，含水量大，蜜蜂不愿采集；湿度过低，过于干燥，泌蜜减少或停止，蜜蜂采集困难。不同土质泌蜜也不一样。肥沃、湿润土壤泌蜜丰富，干燥或贫瘠土壤泌蜜较差。另外，油菜在稀植条件下，由于光照好，植株壮，分枝多，花多，蜜多；密度过大，会导致花稀，蜜少。油菜花期，先开的花蜜粉多，后开的花蜜粉少，转地养蜂者应做到"舍蜜尾，赶蜜头"。

【蜜源价值】油菜开花早，蜜多粉足既有利于早春蜂群繁殖，早养成强群投入生产，又可以边生产边繁殖。华南和西南南部的油菜多用于早春蜂群繁殖和后期采蜜。如云南罗平作为全国蜜蜂春繁基地，从 20 世纪 90 年代初开始，每年都要接待 20 个省份的 400 多个养蜂场，5 万余群蜂。长江以北的油菜以生产为主，兼繁殖。由于油菜面积大，分布广，不仅一个地方群体花期长，而且从南到北花期长达 10 个月，对于转地放蜂生产的蜂场，一年中可利用几个油菜场地，对我国养蜂生产具有重大意义。油菜花序为总状花序，各花朵随着花序轴伸长在不同时间发育而成，即使开花期间某阶段受不良天气的影响，只要坏天气影响时间不长，也仅此阶段的花朵遭受损失，往后天气若正常，新形成的花朵仍然正常开花泌蜜。所以，油菜泌蜜丰富，而且相对较稳定，即使遇到短期坏天气年景，也不至于绝收。油菜蜜多粉足，品质好，容易养成强群。利用油菜蜜源可使蜂群数量增加 3～5 倍，而且培育的新蜂体质好，寿命较长。每群意蜂每天可生产蜂花粉 0.25kg，一个花期可采蜜 15～30kg；每群中蜂可采蜜 10～20kg。油菜蜜呈浅琥珀色，味甜，略带辛辣味或青草味，易呈乳白色结晶，颗粒细腻，但由于极易结晶，一般不宜做蜂群越冬饲料。油菜花期生产的蜂王浆，色白细腻，品质优良。另外利用蜜蜂为油菜传粉可提高油菜籽产量 18%～25%，经过传粉的油菜籽较饱满，可提高出油率 2% 左右。

二、无患子科（Sapindaceae）

木本，稀草质藤本。多羽状复叶或掌状复叶。聚伞圆锥花序，花多单性，稀杂性或两性，花 4～5 数，有时花瓣缺，花盘蜜腺发达。

荔枝

别名丽支、离枝、大荔，荔枝属（*Litchi*）。荔枝是我国南方亚热带名果，春季主要蜜源植物。

【形态特征】常绿乔木。偶数羽状复叶，小叶 4～8 片，长圆状披针形，全缘。聚伞圆锥花序顶生，花杂性同株，无花瓣。雄花的雄蕊 6～10 枚，花丝长，花盘淡黄色或橘红色，肥厚凸出，中央有败育雄蕊，柱头不叉裂。雌花有不育雄蕊 6～10 枚，花丝短，花药不开裂，花盘肥厚凸出，子房呈双球形，柱头 2 叉裂，末端外卷。中性花的雄蕊似雌花雄蕊，雌蕊似雄花的雌蕊。偶有少数两性花。雌蕊常仅有 1 枚心皮，发育成熟为卵圆形核果状的果实，外果皮红色或赤褐色，有小瘤状突起。种子棕褐色，椭圆形（图 2 - 3）。花粉淡黄色，花粉粒扁球形或近球形，赤道面观为椭圆形或近矩形，极面观为钝三角形或3裂片状，每个角上有一个萌发孔，三角形三边呈弧形。具3孔沟，沟细长，内孔横长。外表面具细网状雕纹，条纹排列不定向，网小而少，分布不均。

图2-3　荔枝

1. 果枝　2. 雄花　3. 雌花　4. 果纵切面

【分布】荔枝分布在北纬18°～31°区域。广东、福建、台湾和广西面积较大，是我国荔枝蜜的主产区。广东荔枝栽培面积和产量均占全国第一位，以广州市郊、从化、增城、东莞、深圳、南海、番禺、中山、惠来、普宁、潮安、饶平、电白、廉江、化州、茂名、新兴、郁南等地为多。在福建分布于闽南和东南沿海，以漳州市郊、龙海、长泰、漳浦、南靖、泉州、莆田、仙游、南安、福清、福州市郊、闽侯、永春等地为多，尤以漳州地区面积最大，占全省面积44％以上。在台湾分布于台中盆地、台南平原和屏东平原等西部沿海地区，以高雄、南投、台中、彰化、台南、屏东和嘉义等地为多，尤以高雄面积最大，约占全省面积26％，其次为新竹、台中、台东、苗栗、云林。在广西分布于桂中和桂南等地，以苍梧、桂平、平南、藤县、容县、北流、横县、贵县、玉林、岑溪、博白、陆川、灵山、隆安、南宁和梧州等地较多。在四川分布于川南的长江和金沙江河谷相连的地区，以合江为主，其次是泸县、江安、纳溪、南溪、宜宾、屏山等。在重庆分布于江津、涪陵、万州等地。在海南分布于海口市郊、琼山、文昌等地。云南的麻栗坡、蒙自、金平、红河、开远、新平、景洪、河口、元江及元阳等地有少量栽培。贵州的赤水、罗甸、望谟也有少量栽培。

【开花泌蜜习性】荔枝花期最早的是广东，早、中熟种1～3月，至广西3～4月。荔枝各成熟型的群体花期约30d，自初花期至末花期均泌蜜，主要泌蜜期20d左右，晚熟种泌蜜量比早熟种大。品种多的地区连续花期长达50d，泌蜜期长达40d。温暖的年份开花早，开花集中而花期较短，温度低时花期推迟。

荔枝在气温10℃以上才开花，8℃以下很少开花，18～25℃开花最盛，泌蜜最多。荔枝夜间泌蜜，晴暖天气傍晚开始泌蜜，以晴天夜间暖和，微南风天气，相对湿度80%以上，泌蜜量最大。若遇刮北风或西南风不泌蜜。雄花花药主要在7～10时开裂散出花粉，蜜蜂于7时以后大量上花采集。雾露重，湿度大，虽泌蜜多，但花蜜含糖量低，蜜蜂不采集，直到花蜜浓度变大蜜蜂才去采集。

【蜜源价值】荔枝树冠大，花朵数量多，蜜腺发达，泌蜜量大，花期长。一朵花开花泌蜜2～3d，平均泌蜜量8.68mg。品种多的地区，开花交错，花期在30d以上。荔枝开花泌蜜有大小年现象。晚熟种表现明显，早熟种大小年较轻。加强栽培管理可减轻大小年差异。大年每群意蜂可产蜜10～25kg，每群中蜂可产蜜5～15kg。荔枝花蜜多，花粉少，不能满足蜂群繁殖需要。荔枝开花期间正值春夏之交，气候变化反复无常，晴雨交替和冷暖交替变化急剧，对开花泌蜜和蜂蜜产量有决定性影响，造成产量高而不稳产。有些地方，早、中熟荔枝在雨季来临之前就开花，故应多利用早、中熟荔枝。荔枝蜜浅琥珀色，味甜美，香气浓郁，带有强烈的荔枝花香气，结晶乳白色，颗粒细，为上等蜜。

龙眼

别名桂圆、益智、圆眼、福圆，龙眼属（*Dimocarpus*），是我国南方亚热带名果，春末夏初的主要蜜源植物。

【形态特征】常绿乔木。树皮纵裂，粗糙。偶数羽状复叶，小叶6～12片，长椭圆形。聚伞圆锥花序，有锈色星状柔毛，花淡黄色，萼片和花瓣各5枚，杂性，各型花的特征与荔枝相似，花盘肥厚并扩展至花瓣。核果球形，外皮黄褐色，粗糙。种子球形，黑褐色，外为白色透明的肉质假种皮包围（图2-4）。花粉为黄色，花粉粒扁球形，赤道面观为椭圆形，极面观为3裂圆形或钝三角形，3边略外鼓。具3孔沟，沟细长，内孔明显。外壁表面具细网状雕纹，网孔圆而细小，网脊呈细条纹状，纵向或斜向排列，脊间有大小不等的穿孔分布。

【分布】分布在华南、华东和西南地区。其范围西起四川雅砻江河谷的盐边，东至台湾东部，南起海南南端，北至重庆奉节。其中福建、广西、广东和台湾面积较大，是我国龙眼蜜的主产区。在福建分布于东南沿海丘陵地、平原，其中以晋江、南安、莆田、仙游、同安和泉州面积较大，占全省面积的70%以上，其次为漳州、龙海、漳浦、南靖、长泰、福州、福清、闽侯等地，宁德地区和龙岩地区少量栽培。在广西以桂平、岑溪、博白、陆川、大新、合浦等地分布为多。在台湾分布于西部沿海各地，以台南面积最大，约占全省面积的35.7%，其次为南投、高雄、台中、彰化、嘉义等，约占全省面积的60.4%。在四川分布于川南地区，以长江、沱江、金

图 2-4　龙眼

1.花枝　2.果枝　3.雄花　4.雌花　5.中性花

沙江和岷江两岸的泸州、泸县、宜宾、屏山、江安等地较多。在重庆以涪陵、万州、江津等地较多。海南、云南和贵州等地种植面积较小，分布地区与荔枝栽培地区相同。

【开花泌蜜习性】龙眼开花时期依地区、品种、树势和气候条件等不同而异。海南 3～4 月，广东和广西南部 4 月，广东北部和福建南部 4 月下旬至 5 月，福州、闽清 5 月中旬至 6 月上旬，台湾高雄、屏东 3 月下旬至 4 月中旬，嘉义、台南及云林 4 月上中旬，台湾北部 4 月下旬至 5 月上旬。品种多的地方群体花期长达 30～45d，盛花泌蜜期 15～20d，末花期泌蜜少。温暖地区和年份开花早，开花较集中而花期缩短。树势壮，抽穗期早，开花也早。早熟种早开花，晚熟种迟开花。以夏梢为结果母枝且树势壮的植株，抽穗早，开花也早，以夏延秋梢为结果母枝的次之，以秋梢为母枝而树势弱的植株抽穗迟，开花也迟。

花期要求较高的气温，在 13℃ 以下开花少，最适温度

20～27℃，泌蜜适温 24～26℃。龙眼在夜间泌蜜，晴天、夜间温暖和南风天气，相对湿度 70％～80％时泌蜜量最大。蜜蜂在天亮时就出巢采集。开花期间遇北风、西北风或西南风不泌蜜。1 朵花开花泌蜜 2～3d，若遇高温干旱则 1d 就萎凋。管理措施不当、肥水不足，气候不良以及冬季和抽生花序期间高温等因素都会引起小年。

【蜜源价值】龙眼树冠大，花朵数量多，花期长，蜜腺发达，泌蜜量大。大年气候正常每群意蜂可产蜜 15～25kg，每群中蜂可产蜜 5～15kg。龙眼有明显的大小年现象，品种不同，大小年轻重程度也不同。早熟种和产量稳定的品种较轻，晚熟种和产量较高的品种较重。栽培管理技术措施不同，大小年轻重程度也不同。有些年份气候条件变化也会引起大小年现象的改变。有的地区多品种搭配种植，在小年里仍有 70％的开花量，这种场地蜜蜂仍可进场利用。龙眼花粉少，不能满足蜂群繁殖的需要，末花期泌蜜少，故蜂群在盛花期结束应及时退场，转移到有粉源场地，以恢复群势。龙眼开花期间正值南方雨季，若久雨不晴，会造成减产或无收。而且此时南方开始进入高温期，若开花期间高温、干旱，也会造成歉收。龙眼蜜为琥珀色，浓度较高，气味香甜，结晶暗乳白色，颗粒略大，为上等蜜。

三、豆科（Leguminosae）

叶多为羽状复叶或三出复叶，有托叶，有叶枕。除含羞草亚科外，花冠为蝶形花冠或假蝶形花冠。雄蕊 10 枚，为二体或单体，少数 5 枚或多数而分离。荚果。

紫云英

别名红花草、草子、燕儿草，蝶形花亚科（Papilionoideae），黄芪属（Astragalus）。

【形态特征】1～2 年生草本。奇数羽状复叶，小叶倒卵形或宽椭圆形。头状花序，花白色，粉红色或紫红色，蜜腺环状，位于子房基部（图2-5）。花粉为橘黄色，花粉粒长球形，赤道面观为长椭圆形，极面观为钝三角形或3裂片形。具3孔沟，沟细长，沟中间比两端宽，使每裂片略呈枕状，内孔不明显。外壁具网状雕纹，网孔近圆形，网脊较平宽，表面具细颗粒。

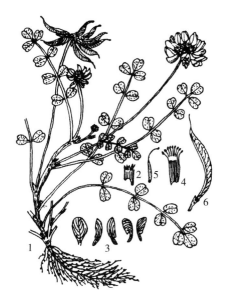

图2-5　紫云英

1.具花和荚果的植株　2.花萼剖开　3.花瓣　4.雄蕊　5.雌蕊　6.荚果

【分布】原产中国，主要分布地区在长江中下游流域的湖南、湖北、安徽、江西、浙江、上海、广西、广东、四川、福建、河南、贵州、台湾、云南、陕西等地。紫云英曾是我国种植的主要绿肥或饲料作物，是春季主要蜜源植物。

【开花泌蜜习性】紫云英花期始于1月下旬至2月中旬，可延续到4月中下旬。花期约1个月，泌蜜期20d左右。紫云英初花期为粉红色，不泌蜜或泌蜜少；当颜色变红时，便进入盛花期，泌蜜多；颜色变为暗红色时，表明泌蜜期即将结束。晴天在 8～10 时和 12～16 时出现开花泌蜜高峰。紫云英泌蜜最适宜温度为 25℃，相对湿度为 75%～85%，晴天光照充足则泌蜜多。干旱、缺苗、低温、阴雨、遇寒潮袭击以及种植在山区冷水田里，都会减少泌蜜或不泌蜜。在采集当中，如刮黄风、沙风，紫云英不泌蜜，且会导致蜜蜂爬蜂病发生。

【蜜源价值】在我国南部紫云英种植区，通常每群蜂可采蜜 20～30kg，强群产量可达 50kg 以上。紫云英花粉橘红色，量大，营养丰富，可满足蜂群繁殖、生产蜂王浆和花粉的需要。

刺槐

别名洋槐，蝶形花亚科，刺槐属（*Robinia*）。

【形态特征】落叶乔木。奇数羽状复叶，托叶刺 2 枚，小托叶针状。总状花序腋生，花白色，旗瓣基部有黄色斑点，雄蕊类型是两体雄蕊（9+1），即雄蕊 10 枚，其中 9 枚雄蕊下部合生，另外 1 枚雄蕊单独生长，蜜腺环状位于子房基部。荚果扁，长圆形（图 2-6）。花粉乳白色，花粉粒具 3 孔沟，长球形。近极面观为 3 裂圆状钝三角形，赤道面观为近长圆形。沟中间狭，两端较宽。外壁表面具小穴状饰纹。

【分布】刺槐分布较广。东至辽宁铁岭以南，北至内蒙古呼和浩特，西至新疆石河子，西南至云南昆明，东南至福建福州。但适宜在长江以北和长城以南的地区生长。江苏和安徽北部、胶东半岛、华北平原、黄河故道、关中平原、陕西北部、甘肃东部等地为主要放蜂生产刺槐蜜场地。

【开花泌蜜习性】在同一地区，平原气温高先开花，山区气温低后开花；海拔越高，花期越延迟。所以，一年中可转地利用刺槐蜜源 2 次。花期 4～6 月。刺槐喜光，耐干旱、瘠薄土壤，在年降水量 500～900mm 的地区，土壤湿润肥沃能很

图 2-6 刺槐

1.花枝　2.花　3.旗瓣　4.翼瓣　5.龙骨瓣　6.雄蕊　7.雌蕊　8.荚果

好地生长。在土壤湿润、气温高、风力小时泌蜜丰富。适宜泌蜜气温为 27℃。生长旺盛的刺槐，开花晚，泌蜜量大。10 年树龄的刺槐泌蜜好，阴雨、低温、大风，则泌蜜少。如遇干热风，能使花朵枯焦，花期缩短。刺槐花多叶少，呈现一片白色，表明植株强壮，泌蜜多。如花少叶多，远望全树绿中透白，则泌蜜少。

【蜜源价值】刺槐花多蜜多，每群蜂产蜜 30kg，多者可达50kg。刺槐花粉乳白色，对繁殖蜂群和生产蜂王浆起重要作用。

苕子

蝶形花亚科，野豌豆属（*Vicia*）。苕子是野豌豆属中各地作为绿肥或饲料栽培或野生的许多种类的统称，我国约有 30

种。常见栽培面积较大的种类有救荒野豌豆（*V. saliva*，亦称光叶紫花苕、大巢菜、野豌豆）、广布野豌豆（*V. cracca*，亦称蓝花苕子、巢菜、草藤、肥田草）、长柔毛野豌豆（*V. villosa*，亦称毛叶紫花苕、毛茸苕子、柔毛苕子、毛叶苕子）。

【形态特征】一年生或二年生草本。主根发达，侧根较多，有根瘤。茎方形，细软，中空，长达 2～3m，匍匐生长。叶为偶数羽状复叶，有小叶 10 对。小叶椭圆形，复叶顶端有卷须 3～5 个。广布野豌豆叶色较淡；救荒野豌豆茎、叶生有稀而短的茸毛；长柔毛野豌豆叶色较深，叶片较大，茎、叶有浓密的茸毛（图 2-7）。总状花序，腋生，有长花梗，10～30 朵花，聚生于花梗上部的一侧。长柔毛野豌豆和救荒野豌豆的花数多于广布野豌豆，它们的花冠颜色分别为蓝紫色、红紫色和浅蓝色。花粉黄色，花粉粒为长球形，赤道面观为长椭圆形，极面观为钝三角形。

图 2-7　苕子
1. 花枝　2. 茎一段示托叶
3. 小叶　4. 花　5. 荚果

【分布】江苏、山东、陕西、云南、贵州、安徽、四川等地为主要分布区，湖南、广西、甘肃东部也有分布。此外，新疆、黑龙江、辽宁、吉林、福建和台湾等地均有栽培。

【开花泌蜜习性】苕子耐寒、耐旱、耐瘠薄，适应性强，因具有固氮肥地作用也可作为牲畜饲料，只需撒下种子而不用管理，因而被广泛应用于闲置田地。生产期雨量适当，花期天气好，有利于苕子生长和开花泌蜜；过于干旱，长势不良；淹水低洼地或氮肥过多，易造成徒长。不同地区花期不同。因苕子种类不同，同一地区的花期也不尽相同。总体来说，苕子花期3～6月，在一个地方花期20～25d。南方花期早于北方，低海拔地区花期早于高海拔地区。气温20℃开始泌蜜，泌蜜适温24～28℃。救荒野豌豆花冠较浅，泌蜜较多；长柔毛野豌豆花冠较深，泌蜜较少。蜂种吻的长度会影响到对苕子蜜源的利用。

【蜜源价值】苕子作为绿肥和饲料种植常在花期被收割，对蜜蜂采集造成负面影响；而用于生产种子的苕子，其花蜜能被蜜蜂充分利用。苕子是夏季主要蜜源植物。苕子分布广，种植面积大，泌蜜丰富，花期长，花粉充足，每群意蜂平均产蜜15～40kg。条件允许还可以进行蜂王浆生产。苕子蜜浅黄色，质地浓稠，气味芳香。纯苕子蜜不易结晶，杂有油菜蜜的苕子蜜易结晶，结晶粒细腻。

白刺花

别名狼牙刺、苦刺，蝶形花亚科，槐属（*Sophora*）。

【形态特征】落叶灌木，有锐刺。奇数羽状复叶。总状花序生于各小枝顶端，花萼紫蓝色，蝶形花冠白色或蓝白色。荚果串珠状，蜜生白色长柔毛（图2-8）。花粉黄色，花粉粒为长球形，少数为球形或近球形，极面观为3裂圆形，赤道面观为椭圆形。具3孔沟，沟长至两极，内孔膜呈乳头状外凸。外壁表面具网状雕纹，网分布均匀，网孔近圆形，网脊较宽平，表面具细颗粒。

【分布】白刺花耐寒、耐旱，适应性强，喜生于河谷沙壤土及山坡灌木丛中。主要分布于陕西的宝鸡、汉中、咸阳和延安等地；甘肃的天水、平凉、庆阳等地；宁夏的六盘山山区；山西东南地区和临汾；云南的曲靖、昆明、昭通、玉溪、楚

图 2-8　白刺花
1. 花枝　2. 花　3. 荚果

雄、红河、德宏和香格里拉等地；四川的广元、西昌、渡口一带；西藏的昌都、林芝等地。

【开花泌蜜习性】云南滇南地区主要泌蜜期为 2~3 月，秦岭岭下和岭顶的始花期分别为 5 月初和 6 月初，相差 1 个月。多数地方花期在 5 月。一天中 9~15 时泌蜜多。气温 25~28℃、相对湿度 70% 以上适合泌蜜，尤其是夜间下过小雨，次日晴天，泌蜜最多。高温、干燥或低温、连阴雨、大风等天气是影响开花泌蜜的主要因素。生长在阳坡、林缘、溪边和路旁的白刺花，由于通风透光好，土壤肥沃湿润，泌蜜多。白刺花大年先花后叶泌蜜多，小年先叶后花泌蜜较少。

【蜜源价值】白刺花分布广，花期长，蜜粉兼丰，为我国春末夏初主要蜜源植物。常年每群蜂可产白刺花蜜 20~30kg。花粉除可满足蜂群繁殖和产浆外，还能生产部分商品花粉。白刺花蜜呈浅琥珀色，半透明，甘甜芳香，结晶乳白色，细腻，为优质的商品出口蜜之一。

紫苜蓿

别名苜蓿、紫花苜蓿，蝶形花亚科，苜蓿属（*Medicago*）。

【形态特征】多年生草本。茎四棱形。三出羽状复叶，托叶大，小叶倒卵形或倒披针形，基部全缘或具1～2齿裂。总状花序腋生，花冠紫色或蓝紫色，花瓣均具长瓣柄。荚果螺旋状（图2-9）。花粉为黄色，花粉粒近球形，赤道面观为圆形，极面观为3裂圆形。具3孔沟，沟宽，内孔大而明显。外壁具细网状雕纹，网在沟边变细，网孔近圆形，网脊具细颗粒。

图2-9　紫苜蓿

1.花枝　2.小叶　3.花　4.花瓣

5.雄蕊　6.雌蕊　7.荚果

【分布】紫苜蓿可作为牧草作物栽培，抗旱、耐寒、喜光，适应性强。对土壤要求不严格，喜生于排水良好的中性至微碱性石灰质的沙壤土上。主要分布于黄河中下游及西北地区，东北的南部也有少量栽培。分布面积较大的有陕西、新疆、甘肃、山西和内蒙古，其次是河北、山东、辽宁、宁夏等地。为我国夏季的主要蜜源植物。

【开花泌蜜习性】播种后2～4年的紫苜蓿长势旺盛，泌蜜丰富。花期气温在18℃以上开始泌蜜。泌蜜适温为26～30℃，冬、春雨水充足，长势旺盛，花期晴天无风、温度高，泌蜜多，持续干旱或刮干燥酷热的西北风对泌蜜有不良影响。紫苜蓿种植在土层深厚，排水良好，含钙丰富的沙质壤土上植株生长健壮，茎直立，开花多，泌蜜多。雨后疯长或久旱生蚜虫，泌蜜减少。花期5～7个月。

【蜜源价值】紫苜蓿栽培面积大，花期长，泌蜜量大，常年每群蜂可产蜜15～30kg，高的可达50kg。紫苜蓿蜜呈浅琥珀色，半透明，芳香，微有豆香素味，易结晶。结晶乳白色，颗粒较粗。

胡枝子

别名杏条、苕条，蝶形花亚科，胡枝子属（*Lespedeza*）。

【形态特征】灌木，枝有棱，幼嫩部分密生白色伏毛。羽状3小叶。总状或圆锥花序，小苞片卵状披针形，被短柔毛。花萼裂片通常比萼筒短，密被短柔毛。花冠紫红色，蜜腺环状位于了房基部。荚果长卵形，先端尖，表面具网纹和疏柔毛。

【分布】分布于黑龙江、吉林、辽宁、河北、山东、山西、河南、湖北、陕西、甘肃和内蒙古等地，以东北最多。多生于荒山坡、撂荒地、路边、丘陵地带的阔叶林或灌木丛中。在黑龙江主要分布于牡丹江市的林口、东宁、宁安、海林、穆棱等地，佳木斯市的桦南、富锦、汤原等地；双鸭山市的宝清、饶河等地；鸡西市的密山、虎林等地；哈尔滨市的五常、依兰、方正、木兰等地；绥化市的海伦、庆安、绥棱等地；伊春市的南岔、铁力等地；鹤岗市的萝北、绥滨等地；黑河市的逊克县等地。在吉林主要分布于延边朝鲜族自治州的敦化、安图、龙井、延吉、和龙、图们、汪清、珲春等地；吉林市的龙潭、丰满、蛟河、永吉、桦甸、舒兰等地；长春市的九台、德惠、榆树等地；四平市的伊通；辽源市的东辽、东丰等地；通化市的柳河、通化、集安等地；白山市的靖宇、抚松、江源等地。在辽宁主要分布于抚顺市的清原、新宾、抚顺等地；丹东市的东港、凤城、宽甸等地；鞍山市的岫岩等地；铁岭市的西丰、开原、铁岭等地。在内蒙古主要分布于巴彦淖尔和乌兰察布等地。

【开花泌蜜习性】在东北5月上中旬萌芽，6月中下旬现蕾，7月中下旬开花，花期 20～40d。泌蜜期在 8 月初至下旬。生长 1 年的花朵少，2～3 年的分枝多，开花早，花多，泌蜜多，4 年以上的枯枝多，花少，泌蜜量少。胡枝子属于喜高温型蜜源植物，秋天气温高，开花早，泌蜜时间长。泌蜜适宜温度 25～30℃，低于 20℃泌蜜减少。在东北地区，6 月降水量 100mm 左右，7～8 月降水量不超过 120mm，叶色浓绿，叶片宽厚，花色粉红，开花时间长，泌蜜量多。胡枝子为喜光植物，生长在阳坡和林缘的泌蜜量较多，特别是新退耕还林地和火烧迹地上。新树尚未荫蔽前，通风透光好。光照强，地温高，土质肥，植株生长旺盛，泌蜜比较多。在泌蜜期，东风、东南风或西南风，风力在 3 级以下，泌蜜量较大。北风、西北风或东北风，风力超过 3 级泌蜜量减少，特别是在开花后期，常因为雨后降温而停止泌蜜。有的年份受黏虫危害，影响泌蜜。胡枝子在东北的开花泌蜜期是在秋季，受温度、降水、风向及风力等影响较大，是一种不稳产的泌蜜植物。

【蜜源价值】胡枝子分布广，面积大，花期长，泌蜜丰富，正常年群产蜂蜜 10～15kg，丰收年群产蜂蜜可达到 50kg。胡枝子蜜浅琥珀色，结晶洁白细腻，气味芳香，为蜜中佳品。

四、胡颓子科（Elaeagnaceae）

灌木或乔木，全体被银白色或金褐色鳞片，或星状毛，有时有刺。单叶，全缘。花两性、单性或杂性，单生或聚生或总状花序，萼片 2～4 裂（齿），萼管在子房之上缢缩，结果时变为肉质，无花瓣，雄蕊 4～8 枚，子房上位，位于杯状花托内，花柱长。瘦果或浆果，或因宿存萼管发育而形成核果状（即果实包藏于肉质的萼管内）。

沙枣

别名桂香柳、银柳，胡颓子属（*Elaeagnus*）。

【形态特征】落叶灌木或小乔木。枝常有刺，全体密被银白色鳞片。叶椭圆状披针形至狭披针形。花1～3朵，生于小枝下部叶腋，花内面黄色，外面银白色，芳香，萼钟形，4裂，雄蕊4枚，生于萼筒上，花柱上部扭曲，基部为管状花盘包围。果为核果状，椭圆形，黄褐色，密生银白色鳞片，果肉乳白色，粉质，有甜味（图2-10）。花粉黄色，花粉粒为扁球形至球形，赤道面观为椭圆形或扁圆形，极面观为钝三角形或三角形。具3孔沟，沟边不平，内孔明显凸出。外壁表面具模糊的细网状雕纹，网脊由细颗粒组成。

图2-10 沙枣
1. 花枝　2. 花　3. 花纵切面
4. 果实　5. 鳞片

【分布】沙枣原产亚洲。耐严寒、干旱、盐碱，抗风沙，生长快，开花多，泌蜜涌，蜜质较好。沙枣防风固沙作用大，是我国西北地区夏季主要蜜源植物。有天然沙枣林和人工沙枣林。在新疆分布于阿克苏、喀什、和田、石河子、乌苏等地及塔里木盆地和准噶尔盆地边缘地带。在甘肃分布于弱水下游两岸，河西走廊的武威、张掖和酒泉三地及兰州。在宁夏分布于中卫、同心、盐池。陕西分布于榆林、定边。在内蒙古分布于阿拉善左旗、杭锦后旗、磴口、额济纳旗。

【开花泌蜜习性】沙枣定植后4～5年开花，10年后进入开花盛期。小沙枣比大沙枣早开花1～2d，老树早开花，小树迟开花。沙枣花期为5～6月。新疆南部的麦盖堤、疏勒花期为5月中旬至6月初，和田比麦盖提早开花1～2d，阿克苏迟开花 3～5d。新疆北部的奎屯、石河子花期为 5 月下旬至 6 月中旬，吐鲁番、乌鲁木齐、南山为 5 月中下旬至 6 月上旬，阿尔泰、北屯为 6 月；甘肃河西走廊为 5 月下旬至 6 月上旬；宁夏盐池为 6 月上旬至中旬；陕西榆林、定边为 5 月下旬至 6 月上中旬。各地花期约 20d。生长在地下水丰富、土地较湿润的地方，沙枣泌蜜量较大。降水稀少和地下水缺乏的地方，其泌蜜较少。如刮大风沙和酷热干燥风泌蜜停止。8～12 龄壮年树泌蜜量最大。

【蜜源价值】沙枣泌蜜丰富，是西北地区和内蒙古早期的主要蜜源植物。常年每群意蜂可产蜜 10～15kg，最高可达 30kg。沙枣蜜浅琥珀色，略带黄绿色，甘甜芳香，质地浓稠，浓度在 40 波美度左右，结晶后呈乳白色。

五、芸香科（Rutaceae）

木本，罕草本。全体含挥发油，单叶或复叶，多互生，有透明油点。花 4～5 数，花盘蜜腺环状，位于上位子房基部。

柑橘

柑橘属（*Citrus*），柑橘是我国的重要果树之一，春季主要蜜源植物。

【形态特征】常绿小乔木。单身复叶，密生透明油点。萼宿存，花瓣白色或紫红色，雄蕊 15～16 枚，常成多体雄蕊，着生于花盘基部周围（图 2-11）。花粉黄色，花粉粒近球形，赤道面观为椭圆形或近矩形，极面观为 4 裂或 5 裂圆形或矩形。具 4～5 孔沟，内孔横生。外壁表面具网状雕纹，网孔圆形，大小不一，网脊宽平，表面具细颗粒。

【分布】我国柑橘分布较广，现 18 个省份有栽培，以广东、湖南、四川、浙江、福建、湖北、江西、广西、台湾等地分布面积较大，其次是云南、贵州，其他省份分布面积小。此外，陕西南部、河南、安徽、江苏、上海、甘肃东南部等地均

图 2-11 柑橘
1. 花枝 2. 花 3. 雄蕊 4. 雌蕊

有栽培。柑橘也是美国、巴西、日本、西班牙、意大利、墨西哥、阿根廷、埃及、土耳其、摩洛哥、印度、巴基斯坦、南非、希腊等国的主要蜜源植物。

【开花泌蜜习性】花期 2～5 月，但因种类、品种和分布地区及气候条件等不同而异。花期 20～35d，盛花期 10～15d。气温 17℃ 以上开花，20℃ 以上开花速度快。泌蜜适温 22～25℃。相对湿度 70% 以上泌蜜多。5～10 年龄树开花多，泌蜜量大。一朵花开数天，花开时花瓣呈环状，泌蜜较多；花瓣呈辐射状时，泌蜜减少；花瓣反卷曲时，则泌蜜停止。柑橘类中有的种类或品种，一年四季都开花。如四季橘、尤力克等一年多次开花，以 2～3 月开花最多。四季柚一年开 4 次花。在浙江平阳、瑞安等地，第一次开花在 4 月中旬至 5 月初，以后每隔 20d 开花 1 次。低温、阴雨则开花迟，花期长；高温、晴朗天气则开花早，花期短。开花前降水充足，花期气候晴暖，泌蜜多。干旱期长或花期雨量过多，或遇低温、寒潮、北风，则泌蜜少或不泌蜜。大年开花早，小年开花略迟。

【蜜源价值】常年每群意蜂可产蜜 10～30kg，每群中蜂可产蜜 8～15kg。但柑橘开花泌蜜期正值南方雨季，产蜜量取决于天气好坏，所以产量较不稳定。由于柑橘农药的施用时间与花期重叠，有些蜂场不利用柑橘产蜜。台湾柑橘喷施农药较少，对柑橘的利用比较充分。柑橘蜜淡黄色，气味芳香，甘甜可口，容易结晶，呈乳白色，为优良蜂蜜。

六、柿科（Ebenaceae）

木本。单叶互生，稀对生，全缘。花单生或聚伞花序，花单性或杂性，稀两性；花萼和花冠 3～7 裂；雄花有退化雌蕊，雌花有退化雄蕊 4～8 枚，子房上位。浆果有宿存萼。

柿

别名柿子，柿属（*Diospyros*）。

【形态特征】落叶乔木。叶卵圆状椭圆形或长圆状椭圆形。花雌雄异株或杂性同株，黄白色，4～5 基数。雄花 3 朵，呈小聚伞花序。雌花单生于叶腋，退化雄蕊 8 枚。蜜腺位于雄蕊基部。浆果扁球形或卵圆形，橙黄色，宿存萼木质化（图 2-12）。

【分布】除吉林、黑龙江、内蒙古、宁夏、青海、新疆、西藏等地区外，其余地区均有栽培。以黄河中下游及华中山区栽培最多。

【开花泌蜜习性】柿耐寒、耐旱，适应性强。广东普宁在 3 月中旬开花，河南在 5 月上中旬开花，陕西和甘肃在 5 月中下旬开花，山东历城 6 月上旬开花，花期 15～20d，一朵花开放约半天，早晨开放，午后即凋谢。相对湿度 60％～80％，晴天气温 20～28℃时，泌蜜量最大。柿花期较短，开花泌蜜有大小年现象，泌蜜要求较高的温度。花期气候是影响泌蜜量的因素。

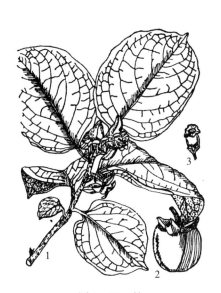

图 2-12 柿
1. 花枝 2. 花 3. 果实

【蜜源价值】集中栽培地可取蜜，意蜂每群产蜜量可达 10～20kg。蜜多粉少，有大小年现象。蜂蜜金黄色，微涩，适口性稍差。

七、鼠李科（Rhamnaceae）

多为木本。单叶常互生，托叶小，早落或变为刺。花小，5 基数，雄蕊与花瓣同数对生，且常为花瓣所抱持。花盘肉质，填满萼筒或贴生于萼筒。子房上位，与花盘分离或埋藏在花盘内。核果或蒴果。

枣

别名红枣、大枣，枣属（*Ziziphus*）。

【形态特征】落叶乔木。小枝曲折，呈"之"字形，褐红色或紫红色，有短枝和长枝，常有托叶刺。单叶互生，排成 2 列，基出脉 3 条。花 2～5 朵腋生，花小，黄绿色。花盘肉质肥厚。子房上位，埋藏于花盘内（图2-13）。花粉淡黄色，花粉粒为扁球形，少数为球形或近球形，赤道面观为椭圆形，极面观为钝三角形。具3孔沟，沟长至极端，内孔大而明显，有时孔膜外凸。表面具细网状雕纹，网孔形状不一，网脊宽而平，由细颗粒组成。

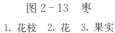

图2-13 枣

1. 花枝 2. 花 3. 果实

【分布】河南、山东、河北等地栽种最多，山西、陕西、甘肃次之，江苏、浙江、宁夏、新疆、北京、天津也有培植。

【开花泌蜜习性】在华北平原5月中旬至6月下旬开花，整个花期40d以上。在黄土高原如陕西北部、宁夏北部，开花期比华北平原晚10～15d。在栽培枣品种多的地区，花期长。枣寿命长，适应性强，抗干旱，耐严寒，喜湿润，在阳光充足的平原地带和阳面山坡、土层深厚肥沃的环境中生长势强，开花结果多。枣花泌蜜的最适宜温度为26～32℃，相对湿度40%～70%。阴雨和低温天气，泌蜜停止。开花之前下过透雨，生长发育正常，花期内有适当雨量，空气湿润，则泌蜜丰富。风使枣花泌蜜减少，空气干燥使花蜜很快干掉，蜜蜂采集困难。处在20～50年盛果期的枣泌蜜丰富，7叶枣比6叶、9叶的泌蜜好。目前，矮化种枣发展迅速，当年栽培当年开花结果。

【蜜源价值】一般年份，每群蜂可采枣花蜜15～25kg，最高可达40kg。

八、桃金娘科（Myrtaceae）

木本。单叶对生，稀互生，全缘，有透明油点，常有边脉。花两性，稀杂性，4～5基数，雄蕊多数，生于花盘边缘，药隔末端常有1腺体，子房下位或半下位。

桉属

桉属（*Eucalyptus*）植物我国引种栽培已有100多年历史，约有200多种。主要蜜源植物有大叶桉、窿缘桉、柠檬桉等。

大叶桉

别名桉树、大叶油加利、沼泽桉。

【形态特征】乔木。树皮不剥落，暗褐色，粗糙而有纵裂槽纹。叶卵状披针形或椭圆状卵形，长8～18cm，宽3～7.5cm。花盖稍长于萼筒。蒴果碗状，果瓣与果口平或微伸出（图2-14）。花粉浅黄色。

【分布】广泛分布于南方。在广西主要分布于桂林、柳州、河池和南宁。在浙江集中分布于温州市的乐清、平阳、永嘉、瑞安等地。在四川主要分布于凉山、成都、雅安和江津等地。在福建主要分布于泉州、莆田、漳州、厦门、三明。在云南主要分布于昆明、玉溪、保山、红河、楚雄等地。在广东主要分布于佛山、湛江、汕头和惠阳。湖南南部、江西赣州、贵州兴义、陕西南部有少量栽植。数量多，分布集中处为主要蜜源。

【开花泌蜜习性】大叶桉为热带和亚热带树种，喜温暖湿润气候。适生于年均温度14℃以上，年降水量1 000mm以上地区。在土层深厚、土质肥沃、保肥保水的土壤上生长好，泌蜜多。大叶桉定植后3～4年开花，7～8年开花渐盛，旺盛开花可持续30多年。始花期福建南安为9月中旬，四川成都为9月下旬，浙江乐清为9月下旬或10月上旬。花期长达40～50d或更长。花期气温高，开花集中，养

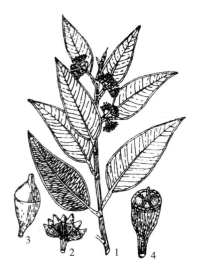

图2-14 大叶桉
1. 花枝 2. 花序 3. 花蕾 4. 果实

蜂价值大；后期低温，花期拖长，利用价值则大为降低。蜜腺位于花托内壁，呈深黄色，泌蜜丰富。通常开花4～6h开始泌蜜，次日蜜量增多，至第九天减少。开花初期，晴天气温19～20℃每天1朵花可泌蜜100mg以上；10℃以下停止泌蜜，气温回升仍能恢复泌蜜。

【蜜源价值】分布广，花数多，开花泌蜜期长，泌蜜量大，开花泌蜜没有明显的大小年现象。集中分布地常年每群意蜂可产蜜10～30kg，是比较稳产的秋季主要蜜源植物。但是，大叶桉的花粉质量不如窿缘桉，蜜的浓度较低，不宜久存，蜜颜色较深，桉醇味浓，不受消费者欢迎。

窿缘桉

别名粗皮细叶桉。

【形态特征】与大叶桉的区别在于树皮纵裂而不如大叶桉粗糙。叶窄披针形，微弯，宽仅0.6～2cm。花盖比萼筒长

2～4 倍，顶端渐尖。果缘隆起，果瓣凸出（图 2-15）。花粉粒扁球形，赤道面和极面观均为钝三角形，三角形边缘略凹。具 3 孔沟，外壁光滑或具有模糊的雕纹。

图 2-15　隆缘桉
1. 花枝　2. 花序　3. 花蕾

【分布】主要分布于广东、海南、广西、福建。另外在台湾、云南、浙江、江西、湖南、四川、贵州等地也有分布。

【开花泌蜜习性】始花期海南为 5 月上旬至 5 月中旬，盛花期 5 月中旬至 6 月上旬，花期随纬度的北移和海拔的升高而推迟。花期 20～30d，盛花期 15～20d。花丝凋萎时泌蜜减少。若晴天暖和、湿度大，花丝萎凋后的 12h 内常有少量花蜜继续泌出。夜间泌蜜多，尤其凌晨至天亮泌蜜量最大，但花蜜浓度较低，白天泌蜜较少。

【蜜源价值】分布数量多，花期长，泌蜜丰富，花粉多，开花泌蜜大小年现象不明显，产量较稳定，集中分布地方常年每群意蜂可产蜜 10～20kg，高的可达 50kg，并可生产蜂王浆。有的年份花期受台风、暴雨袭击而影响产量。窿缘桉是我国生产大宗桉蜜的树种。蜜为深琥珀色，结晶呈暗黄色，桉醇味较浓，有甜酸味，不爽口，储放日久桉醇味较淡。蜜浓度低于38波美度时易发酵起泡，不宜久存在巢脾上，成熟封盖的蜜脾才能保存。

柠檬桉

别名油桉、留香久。

【形态特征】与大叶桉的区别为树皮灰白色或淡红灰色，片状脱落，内皮光滑。大树上叶为披针形，呈镰状。花盖半球形，3层，比萼筒短2倍。蒴果壶形，果缘薄，果瓣深藏。花粉粒扁球形，极面观为钝三角形，少数为方形。具3孔沟，内孔横长，具孔室。外壁表面具模糊的网状雕纹。

【分布】主要分布于广东、广西、海南、福建、台湾，其次是江西、浙江南部、四川、湖南南部、云南南部等地。

【开花泌蜜习性】在一些地方或年份，一年开2次花，第一次在秋季8～9月，有的地方隔2～3年开1次秋花，花朵数量较少。第二次为主花期，在冬季11月到次年2月，花朵数量多，花期长达80～90d。主花期广东湛江地区为11月下旬至次年2月中下旬，广州为12月中旬至次年3月上旬，广西南宁为12月上旬至次年2月下旬，福建为11月中下旬至次年2月上旬。种植的立地条件不同花期也有差异，使得群体花期较分散。植株花期长达50～60d，开花不集中，对生产不利。气温18～25℃，相对湿度80%以上的天气泌蜜量最大。生长在向阳、湿润、深厚疏松的红壤或冲积土上长势好，开花多，泌蜜量大。生长在干旱、瘠薄的土壤上开花少，泌蜜也少。柠檬桉白天和夜间均有泌蜜，以夜间至清晨泌蜜多。主花期正值冬季，常受寒潮低温、西北风或北风的影响，气温低于10℃，泌蜜停止。

【蜜源价值】泌蜜量大，种植集中成片的地方可生产商品蜜。气候条件正常，每群意蜂可产蜜 8～15kg。大部分地区作为辅助蜜粉源植物利用。但柠檬桉花粉少，开花又分散，花期正值低温季节，生产利用不如窿缘桉、大叶桉等。蜜蜂采集柠檬桉，不如采集窿缘桉那样"专一"，积极性不高，这主要是因为柠檬桉花粉数量少，品质较差，另一方面是因为南方有的地方早油菜、紫云英、菊花类等已开花，它们对蜜蜂的引诱力强。柠檬桉蜜为琥珀色，有柠檬香气，浓度比其他桉蜜高，结晶暗黄色。柠檬桉的蜜色和香味比其他桉蜜好。

九、马鞭草科（Verbenaceae）

木本或草本，幼枝四棱形。叶对生，稀轮生或互生，单叶或复叶。花两性，花序各式，花 4～5 数，二强雄蕊，有花盘，子房上位，全缘，花柱顶生。

荆条

别名荆棵、荆柴、荆子，牡荆属（Vitex）。

【形态特征】落叶灌木。掌状复叶对生，小叶 5 片，长椭圆状披针形，边缘有缺刻状锯齿，浅裂至深裂，下面密生灰白色柔毛。聚伞圆锥花序，花淡紫色，二唇形，二强雄蕊。花盘环状，位于子房基部（图 2-16）。

【分布】主要生长在太行山、燕山、吕梁山、中条山、沂蒙山、秦岭、大巴山、伏牛山、大别山和黄山等山区。在华北主要分布在山西南部，北京北部山区，河北承德地区以及内蒙古鄂尔多斯和赤峰的一些地区。已成为重点蜜源区的有北京郊区、河北承德、山西东南部、辽宁西部和山东沂蒙山区。

【开花泌蜜习性】荆条抗旱、耐寒和耐瘠薄土壤，适应性强。喜生于低山山谷、山沟坡地、河边、路旁、灌木丛中。花期 6～8 月。泌蜜适温为 25～28℃，夜间气温高、湿度大、闷

热，次日泌蜜多。山腰、山谷、田边、溪旁土质肥沃、水分充足的地方长势好，泌蜜丰富。在山西，生长在含氧化钙 10％左右的土壤上的荆条泌蜜多而稳产。在山东，生长在青石山的荆条产蜜多，沙石山的产蜜少。生长 2 年以上的荆条花序长，花多，蜜多，老龄荆条泌蜜量降低。干旱使荆条的泌蜜减少，下场雨，则可生产 1～3 次蜜。海拔高的深山区，荆条流蜜差。

图 2-16 荆条
1. 花枝 2. 花

【蜜源价值】1 个强蜂群可产蜜 25～60kg。荆条花粉少，加上蜘蛛、壁虎、博落回等天敌和有毒蜜粉源的影响，多数地区采荆条蜜的蜂场，蜂群群势下降。

十、萝藦科 (Asclepiadaceae)

草本、藤本或灌木，有乳汁。叶对生或轮生，稀互生，全缘，叶柄顶端常有丛生腺体。聚伞花序，稀总状花序，花两性，萼裂片 5 枚，内面常有蜜腺。花冠裂片 5 枚，常有 5 枚片状副花冠生于冠筒上或雄蕊背部，或合蕊冠上。雄蕊 5 枚，与雌蕊黏生成合蕊柱，花丝合生成 1 个有蜜腺的筒（称为合蕊冠），或花丝离生而花药连生成一环，腹部贴生在柱头基部的膨大处。药隔顶端常有阔卵形而内弯的膜片，有载粉器和花粉块，无花盘。雌蕊由 2 枚分离心皮组成，柱头基部有 5 棱。果为双生蓇葖果或单生蓇葖果。种子顶端有毛。

老瓜头

别名芦心草，鹅绒藤属（*Cynanchum*）。

【形态特征】直立灌木。叶对生，狭椭圆形。伞形聚伞花序，有花 10 余朵。萼 5 深裂，内面基部有 5 个蜜腺。花冠紫红色，裂片 5 枚，副花冠 5 深裂，裂片盾状，暗紫色，与花药等长。雄蕊 5 枚，花粉块每药室 1 个。蓇葖果单生，纺锤状，先端渐尖。种子顶端有白毛（图 2 - 17）。

图 2 - 17　老瓜头

1. 花枝　2. 根　3. 花　4. 花冠剖开
5. 雌蕊　6. 载粉器　7. 果实　8. 种子

【分布】内蒙古、宁夏和陕西是老瓜头的主要分布地，也是我国老瓜头蜜的生产基地。在内蒙古主要分布于鄂尔多斯市的伊金霍洛旗、杭锦旗、乌审旗、鄂托克旗、鄂托克前旗、准格尔旗、东胜区、达拉特旗，库布齐沙漠也有大量分布。在宁夏分布于盐池、同心、青铜峡、中卫、永宁、中宁、吴忠、灵武等地。在陕西分布于定边、榆林、府谷等地。在甘肃东北部、河北北部、山西和青海也有分布，但数量较少，且较分散。

【开花泌蜜习性】老瓜头花期通常是 5 月下旬至 7 月下旬。初花期和末花期各 7～10d，6 月上旬至 7 月上中旬为盛花泌蜜期，30～35d。开花迟早和花期长短，随每年气候变化而异。春夏低温多雨的年份，常推迟 10～15d 开花，花期也延长。春夏高温干旱的年份，提前开花，花期缩短 5～10d，单花开放期 4～5d。一天中上午泌蜜量最大，中午前后泌蜜少。15 时以后泌蜜又增多。气温 20～25℃泌蜜量较大，温度过高或过低泌蜜少。风力达 8～10.7m/s 以上对泌蜜不利。4～5 月若雨水较充足，长势旺盛，花期有间断性适量降水，则开花多，泌蜜量大。干旱的年份，高海拔处，旱情较轻，泌蜜较多，而低海拔处旱情较重，泌蜜少。阴雨天多的年份，高海拔处雨多，温度低，泌蜜少，低海拔处泌蜜较多。生长在沙质土壤中或有薄层流沙覆盖的土壤上的老瓜头，长势旺而壮，泌蜜多；生于干旱山坡、沙石草地、较硬的黏质壤土上，长势差，开花少，泌蜜也少。

【蜜源价值】老瓜头分布面积大，花期长，泌蜜丰富，每年都有数万群蜜蜂到内蒙古的鄂尔多斯，宁夏的盐池、灵武、同心等地和陕西的榆林采集老瓜头的花蜜。常年每群意蜂可产蜜 50～60kg，丰收年可达 70～100kg，较为高产、稳产。老瓜头蜜浅琥珀色，浓度多在 41 波美度以上，味芳香纯正，甜度大，结晶呈乳白色，是高浓度优良二等商品蜜。老瓜头花粉少，不能满足蜂群繁殖的需要。

十一、椴树科（Tiliaceae）

木本，稀草本，植物体有星状毛。单叶互生，基部偏斜或有小裂片，托叶小，成对，早落。花单生或成花序，5 基数，雄蕊多数或 10 枚，稀 5 枚。花序柄可与苞片联合。我国有 13 属，94 种，分布各地。

紫椴

别名籽椴、小叶椴、果子椴、阿穆尔椴，椴树属。

【形态特征】落叶乔木。叶阔卵形或近圆形，先端呈尾状。聚伞花序，苞片长圆形或匙形，下部与花序柄合生，有柄，花黄白色，雄蕊多数。果近球形或矩圆形（图 2-18）。花粉深黄色，花粉粒扁球形，赤道面观为椭圆形，极面观为 3 裂圆形或 3 裂宽椭圆形。具 3 孔沟，沟短而细，略长于内孔，内孔纵长椭圆形，外壁具细网状雕纹。网眼通常近圆形，网脊内斜至网底，网眼内具小颗粒。

【分布】主要分布于我国黑龙江、吉林、辽宁、山东、河北、山西等地，以长白山和兴安岭林区最多。长白山区常生于海拔 300～1 200m 处，山地中下腹的阔叶林及针阔混交林，以海拔 600～900m 处较多；兴安岭林区常生于海拔 200～1 100m 处，以海拔 300～800m 处生长最多。

图 2-18　紫椴
1. 花枝　2. 果枝　3. 花

【开花泌蜜习性】在天然林内 10～15 年开花，30 年渐多，50 年最盛，100 年后逐渐减少。椴树始花期在 6 月中旬至 7 月初，1 朵花开花持续 3～4d，1 棵树开花持续 8～12d，群体花期 20～25d。常年阳坡的椴树比阴坡的蜜多。花朵开放尚未吐粉就开始泌蜜；花朵吐粉，柱头合拢，泌蜜最多；吐粉结束，柱头展开，泌蜜减少。在蜜多之年，往往花瓣凋落后，仍泌蜜 1～2d。在吉林和黑龙江有的地区，一年丰收，一年歉收，明显表现出大小年现象。有的地区却 4～5 年中连续丰收，3～4 年之后出现一个歉收年，可称为"稳产区"。椴树 10℃泌蜜，20～22℃泌蜜增多，25～28℃泌蜜最佳，低于 16℃或高于 30℃泌蜜减少。椴树为阳性树种，生长、开花和泌蜜需要充足的光照。椴树泌蜜期凉爽干燥的北风和西北风往往不泌蜜；东风常带来阴雨天气，对泌蜜及蜜蜂采集不利。椴树开花前常受干旱影响，泌蜜期常受阴雨威胁。

【蜜源价值】紫椴在东北林区数量大，仅在东北就有33.3万 hm² 以上。分布广，容蜂量大，历年容纳100多万采集蜂群。流蜜旺盛期强群每天可采蜜 10～15kg；正常年份每群可产 20～30kg，丰收年可产 50～110kg，甚至更多。椴树蜜蜜质好，浅琥珀色，结晶细腻，气味芳香浓郁，深受国内外欢迎。

糠椴

别名大叶椴、辽椴、菩提树，椴树属。

【形态特征】乔木。树皮暗灰色或白色，纵裂。单叶互生，叶宽卵圆形，先端短尖，叶柄和下面密生灰白色星状毛，叶基浅心形。花序柄基部与膜质、舌状的大苞片合生。聚伞花序，花序柄有黄褐色茸毛，苞片下面有星状毛，花黄色（图2-19）。

图 2-19　糠椴
1. 果枝　2. 星状毛

【分布】主要分布在长白山、小兴安岭林区，与槭树、桦树等混生形成阔叶林或与针叶树组成针阔混交林。常生于海拔 200～1 100m 的疏林内，多系单生或团状生长。在吉林市昌邑区左家镇形成大面积纯糠椴树林，部分地区形成小片纯糠椴树林。在吉林和黑龙江的分布区与紫椴相同。

【开花泌蜜习性】糠椴始花时间略晚于紫椴，常年在 7 月中旬始花。花期为 7～8 月。一朵花的泌蜜量约 11.54mg。但由于在盛花期常受降水的影响，蜜蜂只能采到部分花蜜。糠椴的生长活动随气温而变化。回春早的年份积温高，椴树生长活动早，开花也早，有丰收希望；回春晚的年份积温低，椴树生长活动晚，开花泌蜜期会遇上雨季，可能会歉收。流蜜程度与糠椴生长期小气候、土壤、地理条件等影响有直接关系。有些正常开花泌蜜的年份，不同地区产蜜量相差较大。主要因为泌蜜期的降水和光照时间影响了椴树花的泌蜜时间和蜜蜂的采集时间，影响了一部分产量，并不一定是椴树本身泌蜜量小的缘故。

【蜜源价值】糠椴所产生的蜂蜜比紫椴所产生的蜂蜜颜色浅，呈特别浅的琥珀色，蜂蜜的气味有淡雅的薄荷味。其他价值与紫椴相同。

十二、菊科（Compositae）

草本，稀木本，常有乳汁或树脂道。叶互生，稀对生或轮生。头状花序下面有一到多层总苞片，亦称篮状花序，花序全为舌状花或管状花，或边缘为舌状花而中央为管状花，中央的花俗称为盘花；花两性、单性或中性；花萼演化为冠毛、鳞片状或刺毛、刺状等；聚药雄蕊；子房下位，花柱顶端2裂，1室，1胚珠。瘦果（亦称菊果），顶端有冠毛、鳞片、糙毛、刺芒等。

向日葵

别名葵花、向阳花，向日葵属（*Helianthus*）。

【形态特征】一年生草本。茎粗壮，有粗硬刚毛，髓部发达。叶互生，宽卵形，两面有糙毛。头状花序单生于茎顶，缘花假舌状，金黄色，中性花不结实。盘花管状，两性花能结实。花冠黄棕色，蜜腺在花冠管基部内周延展至花柱基部，呈深黄色肥厚的分泌组织。瘦果长卵形，稍扁，有棱，灰黑色，2鳞片，呈芒状早落（图2-20）。花粉深黄色，花粉粒长球形，赤道面观为长球形，极面观为3裂圆形。具3孔沟，内孔明显，呈乳头状外凸。外壁表面具刺状雕纹，末端渐尖，略弯曲，刺基呈乳房状，表面具细颗粒。

【分布】向日葵耐旱、耐瘠薄、耐盐碱，抗逆性强，适应

图 2-20　向日葵
1. 花序　2. 花序纵切　3. 管状花　4. 果实

性广，除了沼泽地、沙丘地、石灰质过重的土壤不宜种植外，一般土壤均可种植。向日葵在我国各地都有栽培，作为油料作物或生产瓜子。主要分布于吉林、黑龙江、辽宁、内蒙古、山西、河北、新疆、甘肃、宁夏、陕西等地。

【开花泌蜜习性】向日葵始花期，东北、内蒙古为 7 月下旬，宁夏固原、河西走廊为 8 月上旬，新疆为 6 月下旬。一个花序花期 8～12d，群体花期 25d 左右。泌蜜适温 18～30℃。花期若持续高温干旱，则花期缩短，泌蜜少或不泌蜜，只能提供花粉；若阴天多，气温略低，则花期延长，适量间断性降水，有利于开花泌蜜。种植在土层深厚、土质疏松的黑钙土上生长好，花期长，泌蜜多；种植在瘠薄的红壤、黄壤或含沙石过多的土壤上则长势差，花期短，泌蜜少。土壤中磷、钾肥充足的条件下泌蜜较多。一般油用种泌蜜多，食用种泌蜜较少。

【蜜源价值】向日葵是我国北方秋季主要蜜粉源植物之一。它分布面积大而集中，花期长，蜜粉兼丰，常年群产蜜15～40kg，还可生产较多的商品花粉。另外，对蜂群的繁殖、越冬适龄蜂的培育和储备优质充足的饲料非常有利。向日葵蜜浅琥珀色，质地浓稠，结晶乳白色，气味芳香，甘甜适口。

十三、胡麻科（Pedaliaceae）

草本，稀灌木。叶对生或上部叶互生。花两性，5 基数，唇形花冠，一侧膨大；二强雄蕊，常有 1 枚退化雄蕊；花盘肉质，环状。

芝麻

别名胡麻、脂麻，胡麻属（*Sesamum*）。

【形态特征】草本。茎钝四棱形。叶对生或上部叶互生，叶形状和大小在同一植株的上、中、下部变化很大。唇形花冠筒状，白色而有紫红色或黄色的彩晕。二强雄蕊中有 1 枚或 2 枚退化。子房上位，基部有肉质环状花盘。蒴果柱形，四棱形（图 2 - 21）。花粉淡黄色，花粉粒近球形或扁球形，赤道面观为阔椭圆形，极面观为 12 裂圆形。具 12 沟，沟从极面看分布均匀，外壁表面具瘤状或短棒状雕纹，分布均匀。

图 2 - 21　芝麻
1. 花果枝　2. 花冠剖开　3. 雄蕊
4. 雌蕊　5. 果实

【分布】芝麻主要作为油料作物栽培。主要产地在黄河及长江中下游。其中河南最多，安徽、湖北次之，吉林、江西、陕西、河北、江苏等地种植面积超过 10 000hm²；内蒙古、黑龙江、湖南、重庆、辽宁、山西、广西、四川、浙江、海南等地种植面积也较大，超过 300hm²；山东、广东、福建、北京、贵州、云南、新疆等地也有栽培。

【开花泌蜜习性】7～8 月开花，花期长达 30d 以上，主茎花先开，分枝花后开。一天中以 6～8 时开花最盛（占 90％）。芝麻花期若间隔下几场小雨，或夜雨昼晴，能提高芝麻花的泌蜜量。但盛花期连雨、积水，叶片 3～4d 便萎蔫，泌蜜减少或停止；冷风吹袭能使泌蜜中断。在钾、磷肥充足的条件下，花朵多，泌蜜丰富。芝麻适宜于排水通畅、pH 7～8、土质疏松、有机质含量丰富的沙质土壤（其宜耕性好，白天晒热之后，晚上还可以回潮，有利于花蜜合成、积累和分泌）上生长，泌蜜多。在黏重、排水不畅或容易板结的土壤上，泌蜜差或不泌蜜。

【蜜源价值】在芝麻集中种植地，每群意蜂可产蜜 10～15kg，蜜粉丰富。芝麻蜜浅琥珀色，气味淡香，甜而微酸，结晶呈乳白色或淡黄色。

十四、锦葵科（Malvaceae）

草本或木本。小枝常有星状毛，有黏液道，茎皮纤维发达。单叶互生，托叶 2 枚，花两性，整齐，单生或簇生，或成花序；有副萼（亦称苞片、苞叶）；萼片 3～5 枚；花瓣 5 枚，近基部与雄蕊柱的基部合生；雄蕊多数，花丝合生成单体，花药1室，花粉有刺；子房上位，3 枚到多数心皮组成 3 到多室，花柱被雄蕊柱管包围。蒴果或分果。

陆地棉
别名大陆棉、高地棉，棉属（*Gossypium*）。

【形态特征】叶 3～5 裂，但裂刻深度不及叶片长度的1/2。

苞片3枚，三角状卵形，基部有蜜腺，边缘撕裂。花白色，后变淡红色至紫色，内面基部无紫红色（图2-22）。蜜腺有苞片、叶脉和花内蜜腺3种。陆地棉有3枚苞片蜜腺，苞片蜜腺位于苞片外侧近基部；叶脉蜜腺位于叶片背面的主、侧脉上；花内蜜腺位于萼片基部和花冠之间。花粉黄色，花粉粒球形，具散孔5个，外壁密布均匀的刺状雕纹，刺顶部尖滑，刺基部具有颗粒状雕纹。

图2-22　陆地棉
1. 花枝　2. 叶下面一部分，示被毛及主脉蜜腺

【分布】全国大部分地区均有分布，主要栽培区为黄河中下游和渤海沿岸各地，其次是长江中下游地区。

【开花泌蜜习性】花期在7～9月。泌蜜适温35～38℃，35℃以下停止泌蜜，在昼夜温差较大的情况下，泌蜜较多。泌蜜受内在因素和外部因素的影响。自然条件适宜，肥水条件好，生长势强的泌蜜丰富；种植在沙质土壤上的泌蜜多，黏质土壤上的泌蜜少或不泌蜜。在山东生长在黑钙土上长势好的泌蜜多，在浙江生在热潮土上长势适中的泌蜜多；黄色或红色土壤上泌蜜少或无蜜；生长在黄沙土上特别在干旱的情况下泌蜜少或无蜜；雨后表土板结，生理机能受阻停止泌蜜。

【蜜源价值】种植面积大，分布广，开花泌蜜期长，泌蜜丰富。新疆棉区一般群产蜜10～30kg，最高达150kg。而黄河和长江中下游棉区，病虫害较多，花期常喷施农药而对蜜蜂造成伤害，利用不充分，常年群产蜜20～30kg。棉花蜜呈琥珀色，极易结晶，结晶粒较细，质地坚硬，无香味。

十五、蓼科（Polygonaceae）

草本或木本，茎节膨大。单叶，多互生，托叶多为干膜质鞘，有时叶状抱茎或穿茎。花两性，单被，萼片3～6枚，雄蕊6～9枚，蜜腺杯状、环状或乳头状，有的种无蜜腺。瘦果局部或全部包于宿存且增大成膜质的萼内。

荞麦

别名甜荞，荞麦属（Fagopyrum）。

【形态特征】一年生草本。茎多分枝，细长有棱，淡红色。叶卵状三角形或三角形，托叶鞘膜质。总状花序，花白色或淡红色，异型花，主要为两型，即长花柱花和短花柱花，也偶见雌、雄蕊等长的花和少数不完全花。蜜腺8个，淡黄色，着生于花被基部且与雄蕊互生。瘦果三棱形，包于宿存萼内（图2-23）。花粉暗黄色，花粉粒长球形，赤道面观为椭圆形，极面观为3裂

图2-23 荞麦
1. 花枝 2. 花
3. 花被、雄蕊及蜜腺 4. 果实

圆形。具3孔沟，沟细长，内孔圆形，不明显。表面具细网状雕纹，网孔近圆形或椭圆形，网脊宽，由细颗粒组成。

【分布】荞麦生育期短，喜凉爽湿润气候，抗旱、耐瘠薄，适应性强。广泛栽培于亚洲、欧洲和美洲。全国大部分地区有栽培。主要分布于华北、西北和西南，其次为东北和华东，为我国栽培较多的一种粮食作物（沈镇昭 等，2001）。其中甘肃、陕西、宁夏、内蒙古、山西、河南、重庆、四川和云南种植面积大，江西、西藏、安徽等地也有部分栽种。

【开花泌蜜习性】荞麦花期自北往南逐渐推迟，因品种和播种期不同而异。春播品种（春荞麦或早荞麦）多为7～8月，秋播品种（秋荞麦或晚荞麦）为9～10月。同一地区花期随海拔高度的增加而提前。气温17℃以上开始泌蜜，泌蜜适温22～28℃。花期昼夜温差大，尤其是夜有重露，晨有轻雾，白天温度高、湿度大、晴朗无风，流蜜最涌。酷热、干燥的天气泌蜜少或不泌蜜，刮风可使泌蜜减少或停止。此外，土壤的理化性质对荞麦的泌蜜量有重要影响。种植在油沙土、黑钙土，特别是含有石灰质的壤土上的荞麦泌蜜多。在南方，水田中的荞麦比旱地中的泌蜜多；黏土地中的比沙土地中的泌蜜多。

【蜜源价值】荞麦种植面积大，花期长，泌蜜丰富，常年每群蜂可产蜜20～30kg，高的可达50kg以上。荞麦蜜为深琥珀色，易结晶，结晶呈琥珀色，颗粒粗，有特别刺激性的异味，但营养价值较高。荞麦为晚秋主要蜜源植物，蜜粉兼丰，对蜂群的繁殖、越冬适龄蜂的培育及越冬饲料的储备都有重要作用。

十六、五加科（Araliaceae）

木本或藤本，稀草本。茎髓心发达，植物体常有星状毛，有时有刺。单叶或复叶，常集生在枝顶，托叶与叶柄基部合生。

伞形或复伞形花序，花盘肉质，子房下位，浆果或核果。

鹅掌柴

别名鸭脚木、公母树，鹅掌柴属（*Schefflera*）。

【**形态特征**】乔木，树皮灰色。掌状复叶，小叶 5～10 枚，肥厚革质，椭圆形或卵状椭圆形，全缘，微向背面翻卷，叶柄基部与托叶合生并扩大成鞘状抱茎。复伞形花序，花淡黄白色，两性，5 基数，子房下位；花盘淡黄色，位于子房顶部围绕花柱基部。核果球形，熟时黑色（图 2 - 24）。花粉白色，花粉粒球形，赤道面观为近圆形或长圆形，极面观为 3 裂圆形。具 3 孔沟，内孔位于沟中央，孔膜呈乳头状外凸，位于三角形的 3 个角上。外壁表面具网状雕纹，网孔小而稀，略呈圆形。

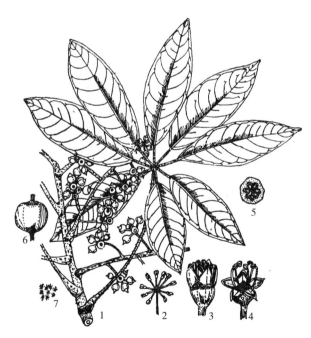

图 2 - 24　鹅掌柴

1. 果枝　2. 小伞形花序　3、4. 花　5. 子房横切面　6. 果实　7. 星状毛

【分布】分布于福建、台湾、广东、海南、广西、贵州、云南南部、四川、重庆、西藏林芝。

【开花泌蜜习性】花期 9 月到次年 1 月，纬度高和海拔高处早开花，纬度低和海拔低处迟开花。花期福建为 10 月下旬到次年 1 月中旬，台湾为 10～12 月，广东、广西、海南为 11～12 月或次年 1 月。通常花序抽生 20～30d 后开始开花。开花通常分三期：第一期花开放 8～12d，间歇 6～14d 后再开第二期花，花期 12～15d，间歇 5～12d 后再开第三期花，7～10d。各期花开放期和间歇期的长短因每年气候条件变化而有不同。晴天多，气温高时，则间歇期较短，开花较集中。同一个地方的鹅掌柴，由于树龄、树势和生长环境等差异，各植株花的花期和间歇期不完全一致。第一期花泌蜜较少，花粉多，但此时南方山区胡蜂危害严重，利用较少。第二期花占总开花量的约 70%，泌蜜多，花粉丰富，群体进入盛花大泌蜜期。第三期花若气温高，泌蜜量仍然很大，尤其是花凋萎后已结成幼果，在晴暖天气条件下，仍可继续泌蜜 2～6d。有阳光的晴朗天气，气温 11℃以上开始泌蜜。泌蜜适温 18～22℃，中午气温高，泌蜜量大。同一个地方生长在阳坡的鹅掌柴比阴坡的早开花，树冠上部比下部先开花，壮年树比幼年树先开花，高海拔处比低海拔处先开花。寒潮低温、阴雨、刮北风或西北风是影响开花泌蜜的主要因素。

【蜜源价值】鹅掌柴为亚热带山区冬季主要的野生蜜源植物。鹅掌柴花序大，花朵数量多，花期和泌蜜期长，泌蜜量大，常年每群中蜂可产蜜 10～15kg，丰收年高达 30kg。鹅掌柴不仅泌蜜量大，而且花粉多，对采蜜和冬季繁蜂都有利，花蜜浓度高。由其生产的蜂蜜可久存而不变质，是不经加工浓缩可直接出口的天然优良蜂蜜。开花泌蜜无明显的大小年现象，较稳产。鹅掌柴生于山野，花期正值冬季，寒潮低温频繁，所以对于不耐寒的意蜂不宜采集利用，偶有气候条件好的年份，冬至前意蜂可进山采集，但不宜过迟退场。新蜜浅琥珀色，容易结晶，结晶呈乳白色，颗粒细腻，带有苦味，甜度大，储存日久，苦味减轻。

十七、蔷薇科（Rosaceae）

草本、灌木或乔木。单叶或复叶，多数有托叶，花多为两性，5基数，雄蕊5枚到多数，雌蕊由1枚到多数心皮合生或分离组成，子房上位、半下位或下位。果实为核果、梨果、聚合果或蓇葖果。

枇杷

别名卢橘、金林子，枇杷属（*Eriobotrya*）。

【形态特征】常绿小乔木。小枝密生锈色茸毛。叶倒披针形至矩圆状椭圆形，下面密生黄色或锈色茸毛。聚伞圆柱状花序顶生，密生锈色茸毛。雄蕊多数，子房下位；花柱5枚，蜜腺位于花托和萼筒合生的杯状体下半部内周。梨果长椭圆形或圆球形，淡黄色或橘黄色（图2-25）。花粉淡黄色，花粉粒长球形，赤道面观为椭圆形，极面观为3裂圆形或3裂片状。具3孔沟，沟长至极端，内孔明显。外壁表面具细条纹，网孔小而圆形，分布不均。

【分布】我国枇杷可划分为东南沿海、华南沿海、华中和西南高原四个产区。东南沿海产区是中国形成较早和经济作物栽培上最重要的产区，包括江苏、浙江和上海。在浙江以杭州的枇杷最为有名，其次是黄岩，此外，乐清、温岭、临海、象山、衢州、江山、永嘉等地也有较大的栽培面积。华南沿海产区是中国发展较早、栽培面积仅次于东南沿海产区的一个老产区，包括福建、台湾、广东、广西和海南五地。华中产区包括安徽、湖北、湖南、江西等地。西南高原产区包括四川、贵州、云南及西藏局部地区。

【开花泌蜜习性】花期10～12月，开花迟早因地区、品

图 2-25　枇杷
1. 花枝　2. 花纵切面　3. 果实

种、树势和环境条件等不同而异。树势强壮的开花早，树势弱的开花迟。一般顶生的夏梢结果母枝开花最早，侧生的较晚。枇杷花序为顶生的聚伞圆锥花序。花序大小差异大，大的花数可达200～300，小的花数30～40，一般为70～100。开花泌蜜期30～35d。气温11℃以上开始开花，13～14℃开花最多，15～16℃开始泌蜜。泌蜜适温18～22℃，相对湿度60%～70%，夜凉昼热，南风天气泌蜜多。种植10年后开花多，泌蜜量大。刮北风、寒潮、低温不泌蜜。

　　【蜜源价值】花蜜含糖量30%～65%，对蜜蜂有很强的引诱力，常年每群蜂可产蜜5～15kg。枇杷开花泌蜜有大小年现象，但若加强农业技术管理，如合理整枝、疏花、疏果、加强肥水管理等措施，可减弱大小年现象。枇杷新蜜浅白色，浓度较高，浓郁馨香，甘甜适口，有枇杷香味，结晶后呈乳白色，颗粒略粗，为优良上等蜜。

十八、山茶科（Theaceae）

木本。单叶互生，常革质，无托叶。花两性，稀单性异株，5 基数，单生或簇生，稀为聚伞或圆锥花序。苞片成对生于萼下。雄蕊多数，少数 10 枚以下，常贴生于花瓣基部。子房上位，3～5 室。蒴果室背开裂，或为不裂核果、浆果状。

柃属

柃属（Eurya）植物我国有 81 种，统称野桂花。

【形态特征】常绿灌木或小乔木，幼枝圆柱形或 2～4 棱。叶互生，排成 2 列，革质，边缘多有锯齿。花雌雄异株，单生或簇生于叶腋；苞片 2 枚，与萼相似；萼片 5 枚，宿存；花瓣 5 枚，基部稍合生；雄花有雄蕊 5～25 枚，子房退化；雌花无退化雄蕊。果为浆果状。

图 2 - 26 为格药柃。格药柃花粉粒长球形，赤道面观长球形，极面观为 3 裂圆形或 3 裂片状；细枝柃花粉粒长球形，赤道面观为长椭圆形，极面观为 3 裂圆形；微毛柃花粉粒长球形，赤道面观为长椭圆形，极面观为 3 裂圆形；尖叶柃花粉粒长球形，赤道面观为长椭圆形，极面观为 3 裂圆形，具 3 孔沟，沟深，外壁表面具

图 2 - 26　格药柃
1. 花枝　2. 雄花　3. 雄蕊　4. 果实

细网状纹饰。

【分布】广泛分布于长江以南各地和台湾、海南，少数种类北达秦岭南坡。种类最多的地方为广西、广东、云南、湖北、湖南和江西。我国柃蜜的生产基地为湖北、湖南、广西、江西，其次是广东、福建、海南、云南、贵州等地，四川、台湾、浙江、安徽、陕西、西藏也有少量分布。为南方山区冬季主要的野生蜜源植物。有的地区该类蜜源植物已受到不同程度地破坏。

【开花泌蜜习性】每一种柃都有相对稳定的花期，花期10～15d。一般是雄株先开放，雌株迟2～3d开放。不同种柃的花期不同，一个地区常有多种柃混交生长，花期相互衔接，或交错重叠，共同组成一个地区的柃花期，使得一地区群体花期很长。通常把花期分为三个阶段：早柃花为10～11月，中柃花为11～12月，晚柃花为12月至次年2月。气温12℃以上开始泌蜜，泌蜜适温18～22℃。夜间凉，有轻霜，白天无风或有微风的艳阳天气，气温较高，泌蜜量最大。如果开花前过于干旱或花期低温阴雨或刮西北风，则泌蜜少或停止。秋季雨水充足，冬季天气好，为丰收年景。

【蜜源价值】柃种类和数量较多的地区，群体花期长，泌蜜量大，开花泌蜜无明显大小年现象，连续几年气候正常，产量较稳定。常年每群中蜂可产蜜10～20kg，丰收年可达25～35kg。柃雄株花粉丰富，对生产和冬季蜂群繁殖都有利。柃蜜为白色半透明状，较不易结晶，结晶乳白色，颗粒很细，质地纯净，具有桂花清香，甘甜适口，色、香、味俱佳，享有"蜜中之王"之美誉，是深受国内外消费者欢迎的优质上等蜜。

十九、大戟科（Euphorbiaceae）

木本或草本，常有乳状或水状汁液。多为单叶互生，有的枝叶或叶柄上有花外蜜腺，有托叶；花单性，雌雄同株或异株，花序多种，单被花，子房上位，多由 3 枚心皮组成 3 室。

橡胶树

别名三叶橡胶树、巴西橡胶树，橡胶树属（*Hevea*）。

【形态特征】大乔木，乳汁丰富。三出复叶，小叶椭圆形，总叶柄顶端有 2～3 个蜜腺。聚伞圆锥花序，花小，雌雄同序，每一聚伞花序中央常为雌花，其余为雄花，无花瓣。花盘蜜腺 5 个，位于花盘上。雄蕊 10 枚，花丝联合成柱状体。蒴果球形，有 3 槽。花粉粒具 3 沟，近长球形，极面观为 3 裂圆形至钝三角形，赤道面观为圆形，近长圆形。沟长条状，末端钝，具沟盖，在近两端处下陷。外壁表面具条纹状纹饰，条纹多沿纵轴向两侧倾斜。

【分布】橡胶树原产于南美洲巴西亚马孙河盆地的热带雨林。我国于 1904 年引入，在云南盈江县新城凤凰山南坡种植成功。橡胶树是热带雨林珍贵经济植物，也是主要的蜜源植物之一。目前我国广东的湛江地区，广西的钦州和玉林地区，云南的西双版纳、德宏地区，福建的诏安、云霄、漳浦等地，台湾及海南西部、西南部、南部、中部和东南部的高（中）山、丘陵、坡地、平原灌木林及热带雨林间均有连片、成块或散生的橡胶林群。到 2005 年，全国橡胶树栽培总面积 73.12 万 hm^2。

【开花泌蜜习性】橡胶树一般种植后 5～6 年开花。早春抽芽后 15～28d 现蕾，再过 15～28d 始花，4～5 周后为盛花期。一般一年开花 2 次，一次在 3～4 月，另一次在 5～7 月。其中以 3～4 月为主花期。每次开花时间长短与花的性别有关。一般雌花期 15～20d，雄花期 12～27d。开花时间多在中午。树冠顶部之花先开，逐渐为中部和下部开放；树冠阳面的花先开，阴面的后开。叶片有古铜色、浅绿色至深绿色，能输出营养时，开始泌蜜。泌蜜随开花渐盛达到最高峰，随花朵凋谢和叶片变老而停止。橡胶树为热带树种，喜温，5℃以下受冻害，出现枯梢或裂皮，影响泌蜜。超过 30℃，有效光合强度减弱，呼吸强度增强，泌蜜减少。早春气温低，花期推迟，影响泌蜜。地处向阳背风，株行距宽，光照充足的橡胶树，泌蜜多。风速 1m/s 以下，有利于泌蜜；风速超过 2m/s，影响泌蜜。风力大于 10 级能造成极为严重的风害，但大风之后，橡胶树树叶仍然流蜜，可供蜜蜂采集。

【蜜源价值】橡胶树是热带地区重要的栽培林木，花期长，泌蜜量大，意蜂群产蜜 65～120kg，中蜂群产蜜 15～25kg。橡胶蜜呈浅琥珀色，结晶乳白色，晶粒较粗，味纯正，香味淡。

乌桕

别名棒子、桕籽、木梓，乌桕属（*Sapium*）。

【形态特征】落叶乔木，有乳汁。单叶互生，菱形，叶柄顶端有 2 个腺体。雌雄同株，雄花有雄蕊 2 枚，少数 3 枚，每 10～18 朵雄花簇生于 1 苞片腋内。苞片外面基部两侧各有 1 肾形绿色蜜腺。由许多雄花丛密集为复式穗形花序，雌花少数，生于花序基部，雌花柄基部两侧各有 1 肾形蜜腺。蒴果室背开裂，种子圆形，黑色，外面有白色蜡层（图 2 - 27）。花粉为黄色，花粉粒为长球形，赤道面观为椭圆形，极面观为 3 裂圆形。具 3 孔沟，沟长至两极，内孔圆形，不明显，网脊平坦，表面具细颗粒。

【分布】乌桕为我国特产，栽培和利用已有 1 400 多年的历史，分布于秦岭-淮河以南各地及台湾、海南，栽培或野生。栽培较多的地方有浙江、四川、湖北、湖南、贵州、云南，其次是江西、广西、广东、福建、安徽、河南、台湾等。

【开花泌蜜习性】在云南的金沙江河谷乌桕始花期为 5 月下旬，大多数地区花期在 6～7 月。一般达 5～7 年龄就开花，雄花多，雌花少或无。以 10～30 年龄的壮树形成的花序多，泌蜜量大。以深厚、肥沃、湿润的酸性土壤生长健壮，抽生花序多，泌蜜量大。生长在干燥瘠薄的地方，长势弱，花序小，泌蜜量少。高温、高湿的天气泌蜜量最大。气温 25℃以上开始泌

图 2-27 乌桕

1. 花枝　2. 果枝　3. 雄花　4. 雌花

蜜，30℃以上泌蜜多。因花期正值高温季节，雷阵雨过后次日晴天，泌蜜量最大。若干旱、酷热天气或刮西南风，则不泌蜜。分布于乌江和金沙江流域的乌桕，开花期间晴天多，气温高，有利于生产。分布于长江中下游及以南地区常受雷阵雨、干燥的西南风影响，近海地区的乌桕有时还受台风的影响。

【蜜源价值】乌桕树冠大，花序多，蜜腺发达且显露，蜜粉均丰富，对南方夏季蜂群的繁殖和生产有利，尤其是华南地区的乌桕，对采完龙眼蜜源后的蜂群恢复群势有重要作用，可边繁殖边生产。集中分布地方常年每群意蜂可产蜜 20～30kg，丰收年可达 50kg 以上。新蜜为浅琥珀色，结晶后呈暗乳白色，颗粒较粗，浓度较低，甘甜味稍淡。

山乌桕

别名野乌桕、山椰、山柳，乌桕属。

【形态特征】落叶乔木或灌木，乔木高达 10～20m。树皮灰色。单叶互生或对生，纸质，椭圆形或卵圆形，先端渐尖，基部钝，表面绿色，背面粉红色，全缘。叶柄细长，顶端有2腺体。花单性，雌雄同株，穗状花序顶生，密生黄色小花。苞片卵形，先端尖锐，每侧各有1个蜜腺，无花瓣及花盘。雌雄花同序（图2-28）。花粉为黄色。花粉粒圆形或近圆形。具3孔沟，表面具网状雕纹，网脊起伏不平。

图2-28 山乌桕
1. 花枝 2. 果枝 3. 雄花 4. 雌花

【分布】山乌桕为南方热带、亚热带山区野生的夏季主要蜜源植物。广泛分布于我国热带和亚热带山区。主要分布于福建的武夷山和戴云山山区，数量多而集中且利用较好的主要有闽侯、闽清、永泰、南平、古田、沙县、三明等地。广东的罗浮山、莲花山、瑶山等山区，尤以惠阳、韶关、博罗、河源、龙门和肇庆等地为多。广西的海洋山、大瑶山等山区，尤以桂林地区的阳朔、荔浦、平乐、恭城、兴安等地分布较多。云南的文山、红河、西双版纳、德宏、临沧、思茅等地。贵州的黔南和兴义等地。江西的赣州、九江、上饶、抚州、吉安和宜春等地。湖南西部山区；浙江南部和西部山区。此外，湖北、四川、安徽、台湾、海南等地都有分布。

【开花泌蜜习性】山乌桕生长于山区，一般在 4 月中下旬形成花序，花期因海拔高度、纬度、树龄、树势等不同而异。如海南为 4～5 月，台湾为 5 月，大多数地区为 5～6 月。但海拔较高的深山区开花较迟。如在福建武夷山为 6 月中旬至 7 月中旬，花期约 30d。一个地区的群体花期长达 30～40d，泌蜜期 20～25d，泌蜜适温 28～32℃。山区林间环境中大气湿度较大，只要晴天温度高，泌蜜较涌。若刮干燥酷热的西南风，则泌蜜减少甚至不泌蜜。

【蜜源价值】山乌桕花序多而大，花期长，蜜腺发达，泌蜜丰富，且无明显的大小年现象。花序上雄花多，花粉丰富。山乌桕花期正值南方进入高温季节，对华南地区采完荔枝和龙眼蜜源后的蜂群恢复群势有重要作用，中蜂和意蜂均可进山区采集，可边繁殖边生产。山乌桕花期长，产蜜量比较稳产，常年每群意蜂可产蜜 15～20kg，丰收年可达 25～50kg。每群中蜂可产蜜 10～15kg。山乌桕蜜浅琥珀色，甘甜适口，浓度较低，香味较淡，结晶暗黄色，颗粒较粗。

二十、唇形科（Labiatae）

草本或灌木。茎枝四棱形。叶对生或轮生，稀互生。花单生或成对生于叶腋，或丛生于叶腋，或轮伞花序组成复式花序。花两性，萼 5 裂，宿存。唇形花冠，冠筒常有毛环（称为蜜腺盖）。二强雄蕊，或雄蕊仅 2 枚。花盘位于子房基部。子房上位，4 深裂；花柱基生，稀不裂者，每室 1 胚珠。果常裂成 4 个小坚果。

野坝子

别名野拔子、野巴子、皱叶香薷、野香苏，香薷属（*Elsholtzia*）。

【形态特征】草本或灌木。小枝密生白色柔毛。叶卵形、椭圆形，下部密生白色茸毛。轮伞花序组成稠密顶生柱形的假穗状花序，长 10～13cm。花白色，有时淡黄色或淡紫红色，冠喉有斜向毛环，前对雄蕊长而伸出花冠。花柱超出雄蕊，先端 2 裂。小坚果长圆形，淡黄色，无毛（图 2 - 29）。花粉淡黄色，花粉粒近球形，少数为长球形或扁球形，赤道面观为椭圆形，两端略平，极面观为 6 裂圆形。具 6 孔沟，沟前后对称，沟长至极端，表面具负网状雕纹，网孔近圆形，网脊平坦，表面由细颗粒组成。

图 2 - 29　野坝子

1. 花枝　2. 花冠剖开　3. 花萼剖开

【分布】分布于云南、贵州、四川、广西。多生于海拔 1 300～2 800m 的草坡、灌丛中、旷地、沟谷边、路旁。为西南地区冬季主要蜜源植物。

【开花泌蜜习性】花期随纬度北移和海拔增高而提前，10 月中旬至 12 月中旬开花，花期 40～50d，泌蜜期 30～40d，花开后 3～4d 泌蜜最多，泌蜜适温 17～22℃。花期，四川西昌、凉山为 10 月中旬至 11 月下旬；云南楚雄、大理、昆明为

10月下旬至12月上旬。夜间气温降到0℃左右，白天回升至8℃时开始泌蜜，17℃以上泌蜜最多。若年降水量在800mm以上，雨季开始于4～5月，降水集中在6～8月，雨季结束于10月上旬，则生长快，长势好，泌蜜多。霜冻、低温或寒潮袭击，对泌蜜有严重影响。

【蜜源价值】野坝子花期常年每群蜂可产蜜15～20kg，丰收年可达50kg以上，灾年也可采足蜂群的越冬食料。蜜呈浅琥珀色，颗粒细腻，油脂状，俗称"油蜜"，极易结晶，结晶后呈乳白色，蜜质地坚硬，为蜜中上等佳品。

密花香薷

别名野紫苏，香薷属。

【形态特征】一年生草本。轮伞花序多花密集成圆柱状假穗状花序，长2～6cm，密生串珠状柔毛。苞片边缘有串珠状柔毛。萼在果时膨大，密生有节的疏柔毛。花冠外密生有节柔毛。小坚果圆形，有柔毛。

【分布】分布于甘肃、青海、新疆、西藏、宁夏、四川、山西、陕西等地。

【开花泌蜜习性】生在海拔1 800～4 100m的草地、高山草甸、农田、地边、林缘、河边等地，喜生在疏松的土地上。新疆7～8月开花，宁夏固原地区7月中旬至9月上旬开花。主要泌蜜期35～40d。

【蜜源价值】通常每群蜂可产蜜30～40kg。

香薷

别名蜜蜂草、山苏子、野香苏、野苏麻，香薷属。

【形态特征】一年生草本。叶较大，下面满布橙色腺点。轮伞花序组成的假穗状花序偏向一侧，花冠淡紫色。小坚果短圆形。

【分布】除新疆、青海以外，其他各地都有分布。生长在海拔3 000m以下的空地、路旁、山坡、疏林、河岸边等。

【开花泌蜜习性】花期7～10月，果期10月至次年1月。

可以为蜂群提供饲料，集中分布地区可以取到蜜。花期随纬度南移和海拔高度的下降而推迟，花期天气晴朗泌蜜好，阴雨、低温泌蜜差。

【蜜源价值】每群蜂可产蜜 10～15kg。

百里香

别名山花椒、地椒、蚊子草，百里香属（*Thymus*）。

【形态特征】矮生半灌木。茎多分枝，匍匐或上升，红棕色。花序下有叶 2～4 对，卵形，有腺点。花紫红色或粉红色，花盘平顶。

【分布】百里香耐寒、耐旱、耐瘠薄，适应性强。多生于荒坡、沙质地、沙丘和路旁。主要分布于西北、华北和东北地区。

【开花泌蜜习性】花期 6 月上旬至 7 月下旬，主花期长约30d。春天雨水充足，长势好，花期长，泌蜜多。花期过于干旱或遇低温、降水、干热风，泌蜜量显著减少。泌蜜适温为28～30℃。一天中 8～15 时蜜蜂采集最积极。

【蜜源价值】百里香分布广，花期长，蜜粉丰富，常年群产蜜 10～15kg，并可满足蜂群繁殖及产浆的需要。百里香蜜呈琥珀色，结晶暗白色，颗粒中等，味稍辣，有刺激性异味。

第三节　辅助蜜粉源植物

我国辅助蜜粉源植物种类繁多；有些科，如蔷薇科、豆科、唇形科等具有多属蜜粉源植物，尤其是亲缘关系更近的同属种类，其蜜粉源利用价值就更为相近。芸薹属（15 种）、蓼属（120 多种）、香薷属（33 种、15 变种和 5 变型）、柃属（78 种和 13 变种）等属中的种类都是蜜粉源植物。在此仅对一些常见的辅助蜜粉源植物进行介绍（表 2-1）。

表2-1　我国常见辅助蜜粉源植物及分布（柯贤港，1998）

科名	中文名	别名	主要形态特征	分布	花期	蜜	粉
松科	马尾松	松树、山松、青松	常绿乔木。针叶细、柔、长、2针1束，叶鞘宿存。雄球花穗状。种鳞脐微凹。无刺头。种子有翅	淮河以南各地及陕、甘、琼、台、川、滇	3~4月		大量
	黄山松	台湾松、油松	乔木。针叶较短，稍粗、硬。种鳞脐稍凸起。有刺头	台、闽、浙、皖、赣、湘	3~4月		大量
	油松	短叶马尾松、短叶松、红皮松	乔木。针叶短、粗、硬，2针1束，稀3针1束。种鳞脐凸起。有刺头	辽、内蒙古、冀、鲁、晋、陕、甘、宁、川、青	4~5月		大量
	云南松		乔木。针叶柔软且长，3针1束，稀2针1束。种鳞脐微凹，有短刺	滇、黔、川、藏、桂	4月		大量
柏科	杉木	正杉、正木、刺杉、广叶杉	常绿乔木。叶在侧枝上排成2列，条状披针形。坚硬。有细齿。上、下面中脉两侧均有气孔线；雄球花簇生	淮河和秦岭南坡以南各地	4~5月		大量
	柳杉	孔雀松、长叶柳杉	常绿乔木。叶钻形、两侧扁、微向内弯。每种鳞2粒种子，周围有窄翅	长江以南各地	3~4月		大量

（续）

科名	中文名	别名	主要形态特征	分布	花期	蜜	粉
柏科	侧柏	扁柏、香柏	乔木。侧生小枝扁平、直展，鳞叶交互对生，球果熟前蓝绿色，有白粉，熟后褐色木质张开	除青、新外，全国各地都有分布	3~4月		大量
三白草科	三白草	过山龙、白舌骨、白面姑	多年生草本。茎中空，节明显。总状花序基部有2~3枚白色叶片，无花被，雄蕊6~8枚	长江以南各地、台、琼。生于低洼地或沟边湿地	4~6月	少	少
杨柳科	山杨	明杨、火杨	落叶乔木。小枝粗，髓心五角状。叶近圆形，有波状齿。雌雄异株，雄花序均下垂。花无被，苞片有缺裂	东北、华北、华中、西北、西南	4月		较多
杨柳科	旱柳	红皮柳	落叶乔木。小枝较细，髓心近圆形。无顶芽。叶披针形，雌雄异株，花无被，雌雄花各有1个蜜腺	全国各地栽培或野生。东北、华北、淮河流域较多	3~4月	较多	较多
杨梅科	杨梅	珠红	常绿乔木。柔荑花序，雌雄异株，叶有油腺点，无花被。果球形，深红色	长江以南各地、台、琼	3~4月	少	少

（续）

科名	中文名	别名	主要形态特征	分布	花期	蜜	粉
胡桃科	胡桃	核桃	落叶乔木。小枝髓心片状。奇数羽状复叶，雄柔荑花序下垂，雌花序1~3朵花，子房下位。核果	全国各地广泛栽培，以华北、西北较多	4~5月		较多
	辽东桤木	水冬瓜、赤杨	落叶乔木。小枝有棱。雌雄同株，雄柔荑花序，雄花花被4枚，雌花无被。翅果	东北3省及内蒙古	5月	较多	较多
	白桦	桦树、桦木、桦皮树	落叶乔木。树皮白色。叶下面有油腺点。雄花花被4枚，雌花无被。翅果	东北、华北、西北、西南各地	4~5月		较多
桦木科	鹅耳枥	见风干	乔木。树皮灰色。叶2列。雄柔荑花序生于去年枝端。雄花无被，雌花每2朵生于苞腋。小坚果无翅	东北、华北、华东及甘、鄂、川	4~5月		较多
	榛	榛子、平榛、毛榛	灌木或小乔木。枝被腺毛。雄花序2~3个簇生，花无被，雌花花柱丝状、紫色	东北、华北及陕、甘、川、滇、黔、苏、浙、赣、皖、鄂等地	3~4月		较多

95

（续）

科名	中文名	别名	主要形态特征	分布	花期	蜜	粉
壳斗科	栗	板栗、栗子	落叶乔木。侧枝无顶芽。叶2列，下面有毛。柔荑花序直立，子房下位，6室。壳斗全包坚果，密生长刺	黄河以南各地及冀、辽。栽培或野生	5～6月	较多	较多
	米槠	小红椎、米椎木、小叶椎	常绿乔木。侧枝有顶芽。叶2列。柔荑花序展立。子房3室。壳斗全包果实。外被小鳞片	苏、浙、赣、湘、闽、粤、桂	3～4月	较多	较多
	石栎	柯、青钩栲、白椆树	常绿乔木。侧枝有顶芽。叶不成2列。全绿，稀有齿。柔黄花序直立，子房3室。壳斗浅碗状包子坚果基部。外被三角形鳞片	闽、粤、桂、湘、赣、浙、苏、皖	8～9月	较多	较多
	麻栎	北方麻栎	落叶乔木。小枝干后淡黄褐色。叶多生于枝顶部。雄花序为下垂柔荑花序。子房3室。壳斗碗状半包果实，反曲。外有披披针形鳞片	华北、华中、华东及辽、陕、甘、川、滇、黔	4～5月	少	较多

（续）

科名	中文名	别名	主要形态特征	分布	花期	蜜	粉
榆科	榆树	家榆、白榆	落叶乔木。叶2列，托叶披针形，长早落。花单被，先叶开放。翅果	东北、华北、西北，长江以南各地普遍栽培	3~4月		较多
桑科	葎草	拉拉藤、勒草	缠绕性草本。茎枝和叶柄有倒钩刺。单叶对生，掌状5~7裂。雌雄异株，花被1枚	除新疆和西藏外，各地均有野生	6~10月	少	少
	啤酒花	忽布、香蛇麻	缠绕性草本。茎枝和叶柄密生细毛，有倒刺。叶对生，雌雄异株，花被5枚	新疆有野生和栽种，东北、西北、华北有栽培。主产于新、甘、宁、黑、鲁	7~8月	少	少
	桑	桑树	灌木或小乔木。单叶互生。柔黄花序，雌雄异株，花被4枚。聚花果	全国各地均有栽培	南部2~3月，北部5~6月	少	较多
山龙眼科	小果山龙眼	滇南山龙眼、羊屎果、黑灰树	木本。总状花序腋生，花两性，单被；花萼4裂，带状，开放后外卷；雄蕊4枚；花盘蜜腺4裂，位于子房基部。坚果，熟后蓝黑色	长江以南各地及琼、台。生于林中或林缘	6~7月	较多	较多

（续）

科名	中文名	别名	主要形态特征	分布	花期	蜜	粉
铁青树科	青皮木	香芙木、华南青皮木	小乔木。叶全缘，下面灰绿色。聚伞总状花序腋生，花冠钟形，白色或浓黄色，子房半下位，上有环状蜜腺	长江以南各地及琼、台	2～4 月	较多	少
	铁青树		攀缘状灌木。总状花序短，1～3 个聚生于叶腋，花白色；能育雄蕊 3 枚，退化 5 枚，其先端 2 裂；子房上位，基部有环状蜜腺。核果有宿存萼	琼、粤、滇（南部）	3～10 月	少	
山柚子科	山柚	山柑	攀缘性灌木。花密集成穗状花序，腋生，花黄色，蜜腺 4 个	琼、粤、桂（南部）、滇（东南部）	10～12 月	少	少
檀香科	檀梨	油葫芦	落叶灌木或成小乔木。花杂性。雄花成聚伞全花总状排列，单被花；蜜腺片状，与雄蕊互生；雌花数朵成总状花序，子房棒状	闽（中部、南部）、粤、桂、黔、滇、川、鄂等地疏林中	4～5 月	少	少

科名	中文名	别名	主要形态特征	分布	花期	蜜	粉
蓼科	竹节蓼	百足草、扁茎蓼	直立灌木。枝扁平、绿色、有纵条纹，节明显。花簇生于节上，两性，白色或淡红色	闽、粤、桂及秦岭等地，庭园中有栽培	7～10月	较多	少
	沙拐枣		灌木。老枝灰白色。一年生草质，绿色，有关节。叶小、条形。花两性、浓红色，2～3朵簇生，雄蕊12～16枚，子房有4棱	甘、新、内蒙古等地。生于沙丘、沙地，可作防风沙树种	7～8月	较多	少
	甜菜	糖萝卜	草本。肉质根纺锤形。花小、两性，绿白色，花被5枚，雄蕊5枚，着生于多汁蜜腺环上，子房半下位	东北、华北、西北为三大产区，其他地区种植面积较小	5～6月	较多	少
	青葙	野鸡冠花	草本。穗状花序，苞片、小苞片和花被均为干膜质，花被红色，雄蕊花丝下部合生成杯状。蒴果盖裂	长江以南各地及鲁、豫、冀、陕、甘、琼、台	7～10月	少	少
	鸡冠花	凤尾鸡冠、老来红	草本。花序顶生，扁平鸡冠状，中部以下多花。苞片和花被为紫色、黄色或淡红色，干膜质。花丝下部合生成杯状，胞果卵形，盖裂	全国各地普遍栽培，亦有野生	全年或6～7月	少	少

（续）

科名	中文名	别名	主要形态特征	分布	花期	蜜	粉
马齿苋科	马齿苋	马蛇子菜、马齿菜、蚂蚱菜、瓜米菜	一年生肉质草本。茎铺散，浅绿色或暗红色。花3～5朵簇生，午时盛开，萼片2枚，花瓣5枚，雄蕊8枚，子房半下位。蒴果盖裂	全国各地	5～8月	较多	较多
	大花马齿苋	草杜鹃、半支莲、太阳花	一年生肉质草本。茎带淡紫红色。叶肉质，圆柱形。叶腋有丛生白色长柔毛。花片2枚，花瓣5枚或重瓣红色、紫色或黄白色，雄蕊多数，子房半下位。花午时盛开	全国各地，多栽培于庭园	6～8月	少	大量
莲科	莲	荷、荷花	多年生水生草本。有根状茎。叶柄有刺。花大，单生。花瓣多数，雄蕊多数，群生单雄蕊嵌生于花托穴内	全国各地均有栽培，以南方为多	6～10月		大量
睡莲科	睡莲	子午莲	多年生水生草本。根状茎粗短。叶漂浮水面，心状卵形或状椭圆形，下面红紫色。萼片4枚，花瓣8～15枚，白色，雄蕊多数，子房半下位	全国各地野生或栽培于池沼中	4～9月		大量

（续）

科名	中文名	别名	主要形态特征	分布	花期	蜜	粉
	芍药	白芍	多年生草本。茎淡绿微带红色。下部茎生叶为二回三出复叶，上部茎生叶为三出复叶。花大。雄蕊多数，蜜腺浅杯状包于心皮基部	东北、华北各地及陕、甘有栽培，闽（福州和闽侯）少量栽培	4～6月	较多	较多
毛茛科	矮金莲花	五金草、一枝花	多年生草本。花萼5枚，黄色，外面带暗紫色。蜜叶5枚，匙状线形；基部1蜜槽。雄蕊多数	滇（西北部）、川（西部）、青（南部、东部）、甘（中部以南）、陕（南部）	6～7月	较多	少
	升麻	黑升麻	多年生草本。根茎粗壮。圆锥花序。萼片5枚，花瓣状，白色	陕、甘、青、黔、滇、鄂、豫、冀、晋、内蒙古	7～9月	较多	少
	人字果	白果草、红毛草	蜜叶5枚，金黄色，雄蕊多数	滇、川、鄂、浙	4～5月	少	少
	扁果草		多年生草本。萼片5枚，白色；蜜叶5枚，黄色，筒状，雄蕊多数	新、青、藏、甘（南部）	6～7月	较多	少

（续）

科名	中文名	别名	主要形态特征	分布	花期	蜜	粉
毛茛科	类叶升麻	绿豆升麻、马尾升麻	多年生草本。总状花序。萼片5枚，花瓣状、白色，不等大；蜜叶5枚，匙状。与萼片近等长。雄蕊多数	冀、晋（南部）、陕、甘、青、鄂、川、滇等地	5～6月	较多	少
	黄连	土黄连	草本。根状茎黄色。萼片5枚、黄绿色。花瓣中央有蜜槽。雄蕊约20枚	川、黔、湘、鄂、浙、陕（南部）等地山林阴湿处	3～4月	较多	少
	翠雀	百部草、猫眼花、鸡爪连	草本。总状花序。花萼5枚，背部1枚成萼距，花瓣4枚，上方2枚为蜜叶，基部有距伸于萼距内，下方2枚为退化雄蕊。雄蕊多数	滇、川、冀、晋、辽、吉、黑、闽	5～6月	较多	少
木通科	五月瓜藤	野人瓜、紫花牛姆瓜	常绿木质藤本。掌状复叶。花雌雄同株。花被6枚。蜜腺6个，鳞片状	陕、鄂、川、滇、黔、湘、粤、桂、闽、藏（北部）	4～6月	少	少
	串果藤		落叶木质藤本。三出复叶。花或异株，花雌雄同株。花被6枚。蜜腺6个，与花被对生	川、鄂、甘、陕、南、滇（北部）、赣	5～6月	少	少

（续）

科名	中文名	别名	主要形态特征	分布	花期	蜜	粉
小檗科	豪猪刺	三颗刺、刺黄柏	常绿灌木。多花簇生于叶腋，花黄白色，萼片6枚，花瓣6枚，内面近基部各有2个蜜腺，雄蕊6枚，药瓣裂	鄂、滇、黔、川、赣、甘、闽等地	5~6月	少	少
	南天竹	观音竹、天竹仔、白天竹	常绿灌木。三回羽状复叶，花白色，花瓣和花萼排成多轮，蜜腺3~6个，雄蕊6枚	陕、苏、皖、浙、赣、闽、粤、桂、鄂、湘以及华北各地，种植于温室	3~7月	较多	较多
木兰科	鹅掌楸	马褂木	落叶乔木。叶片马褂状。花被9枚，外面绿色，内面淡黄色。雄蕊多数	长江以南各地野生或栽培	4~6月	较多	
	华中五味子	南五味子	落叶藤本。雌雄同株或异株。花橙黄色，肉质。浆果红色	湘、鄂、滇（东北部）、黔、川、赣、苏、闽（北部）、晋（南部）、西（南部）、陕（南部）、甘	5~6月	较多	
樟科	山鸡椒	山苍子、木姜子、山姜子	落叶灌木或小乔木。幼树皮黄绿色。雌雄异株。花先叶开放，雄蕊能育雄蕊9枚，每轮3枚，第三轮雄蕊基部各有2个蜜腺	长江以南各地野生或栽培	12月至次年2月	较多	

（续）

科名	中文名	别名	主要形态特征	分布	花期	蜜	粉
莲叶桐科	小花青藤	翅果藤	攀缘灌木。圆锥聚伞花序，花两性，5数，雄蕊5枚，药瓣裂，花丝基部两侧各有腺体状退化雄蕊。子房下位	粤、桂、琼、黔、闽	7～8月	较多	少
罂粟科	白屈菜	水黄草、山黄连、观音草	多年生草本。体含棕黄色乳汁。伞形花序，萼片2枚，早落，花瓣4枚，雄蕊多数。子房线形	东北、华北和西北各地以及鲁、豫、苏、赣、川等地	4～6月	少	较多
	花菱草	金英花	多年生草本。全体粉白色。花单生，黄色；萼片2枚，花瓣4枚，雄蕊多数。子房线形	全国各地栽培作观赏植物，庭园绿化植物	5～8月	少	少
白花菜科	黄花草	野油菜、臭矢菜	一年生草本。茎有纵槽纹。掌状复叶。总状花序。花瓣4枚，黄色。雄蕊多数，着生于花盘上	闽、台、粤、桂、滇、湘、赣、浙、皖、琼等地	5～10月	少	少
	醉蝶花	紫龙须、西洋白花菜	一年生草本。有黏质腺毛。总状花序。萼片4枚，花瓣4枚，雄蕊6枚，着生于花盘上，雄蕊干雌，花盘小	全国各大城市栽培观赏	5～10月	较多	少
山柑科	刺山柑	槌果藤	蔓生灌木。有托叶刺。花单生于叶腋，白色、粉红色或紫红色。雄蕊多数	新、藏、青	7～8月	少	较多

（续）

科名	中文名	别名	主要形态特征	分布	花期	蜜	粉
十字花科	葶苈	猫耳草、光果葶苈	草本。基生叶呈莲座状。花黄色。短角果	东北、华北各地以及陕、甘、浙、鄂、新、苏、鲁、川等地	3～6月	较多	较多
	荠菜	犁头菜、菱菜	一年生草本。总状花序，花白色。短角果近椭圆形，周围有宽翅	东北、华北、西北以及鲁、豫、苏、皖、滇、黔、川等地	3～6月		较多
辣木科	辣木	鼓槌树	落叶乔木。三回羽状复叶。圆锥花序，花浓黄白色。5数，雄蕊10枚，其中5枚退化。着生于花盘边缘	南方各地常有栽培	5～10月	少	少
景天科	瓦松	何天草、瓦塔	肉质草本。塔形总状花序，花5数，紫红色。雄蕊10枚，2轮；花药紫色	东北、华北、西北及华东各地，北方较多	8～10月	较多	少
虎耳草科	虎耳草	猫耳朵、通耳草、疼耳草	多年生草本。疏圆锥花序，被腺毛和茸毛。花瓣5枚，2大3小；雄蕊10枚；药紫红色，蜜腺位于子房基部四周	长江流域各地及陕、甘、豫、闽、台、桂、滇、黔等地	5～8月	较多	少

（续）

科名	中文名	别名	主要形态特征	分布	花期	蜜	粉
虎耳草科	东北茶藨子	山麻子、狗葡萄	落叶灌木。花缘黄色。萼裂片向外反展，花瓣特小；雄蕊花丝长而外露。花盘有5个乳头状蜜腺	东北及冀、豫、晋、陕、甘等地	4～5月	较多	少
	大叶金腰	龙舌草、马耳朵草	草本。花茎肉质，紫红色。聚伞花序；萼片4枚，粉红色或白色；无花瓣，雄蕊8枚，着生于花盘蜜腺周围；花丝淡红色，花药深紫色	皖、苏、浙、赣、粤、湘、鄂、黔、滇、川、陕等地	3～4月	较多	少
金缕梅科	枫香树	枫树、路路通、三角枫、鸭脚板	落叶乔木。有树脂。雌雄同株。雄花序短，柔荑花序，无花被，子房半下位，头状；单被花。雌花序头状	秦岭和黄河以南各地及台、琼	3～5月		较多
悬铃木科	二球悬铃木	法国梧桐	落叶大乔木。树皮苍灰色，呈片状剥落。雌雄同株。雌雄花均为头状花序；雄花无苞片，雌花序有苞片生于不同枝上。通常2个头状花序串生，柄下有芽；花4数	东北、华中、华东、华南各地栽培作行道树和庭园绿化树种	3～5月		较多

（续）

科名	中文名	别名	主要形态特征	分布	花期	蜜	粉
蔷薇科	珍珠梅	高楷子、东北珍珠梅	灌木。高。数羽状复叶。圆锥花序，花白色，雄蕊40～50枚。花柱顶生	东北、华北山区	7～8月	少	较多
	草莓	凤梨草莓、高丽果	多年生草本。基生三出复叶。伞房花序，花白色，花5数，雄蕊多数。聚合果	全国各地有栽培	4～6月	较多	少
	紫穗槐	穗花槐、棉槐、椒条	灌木。羽状复叶。穗状花序，花暗紫色或蓝紫色，萼齿5枚，花冠退化，仅存旗瓣聚着雄蕊10枚，每束5枚	全国各地多有栽培	4～7月	较多	较多
豆科	小花香槐	小叶香槐	落叶乔木。冬芽裸露，为叶基部所覆盖。羽状复叶。圆锥花序，萼5齿，花冠白色或带粉红色，雄蕊基部略合生	陕、甘、鄂、川、滇	5～7月	少	少
	野豇豆	醉魂藤、老鸦花	攀缘木质藤本。有孔汁。叶对生。伞形聚伞花序腋生，花黄色，花萼内面基部有5个蜜腺	闽（南部）、粤、琼、桂、滇、黔、川等地	4～9月	较多	少

（续）

科名	中文名	别名	主要形态特征	分布	花期	蜜	粉
酢浆草科	红花酢浆草	铜锤草	多年生直立无茎草本。地下具多数小鳞茎。花紫红色。雄蕊10枚，花丝5长5短，花丝下部合生	全国各地习见	3~8月	少	少
牻牛儿苗科	牻牛儿苗	老鹳嘴、太阳花、绵绵牛	草本。叶对生。伞形花序。花蓝紫色。花瓣5枚，与5个蜜腺互生。雄蕊10枚，5枚无花药退化为鳞片状	东北、华北、西北和华中各地以及滇（西部）、藏	4~6月	较多	少
	老鹳草	鸭脚草	多年生草本。叶对生。花瓣5枚，淡红色或白色，有5条紫红色脉；蜜腺10个，乳头状；雄蕊10枚，均有花药	东北、华北、西北以及鄂	6~8月	较多	少
旱金莲科	旱金莲	金莲花、荼叶七	一年生攀缘肉质草本。单生于叶腋。红色、橙黄色、橘红色。萼片5枚，其中1枚延伸成长距；距内有花蜜分泌组织。雄蕊8枚	全国各地作为花卉栽培	5~11月	较多	少
亚麻科	亚麻	胡麻、山西胡麻	草本。花单生。萼片5枚，花丝基部合生成筒状。花瓣5枚，紫色或白色。雄蕊5枚，退化雄蕊5枚成齿状，蜜腺5个着生于花丝筒外侧	全国各地有栽培	5~6月	少	少

（续）

科名	中文名	别名	主要形态特征	分布	花期	蜜	粉
古柯科	粘木	山子纱、华粘木、云南粘木	常绿灌木或乔木。二歧聚伞花序，花小，白色，5数；花盘蜜腺环状，有深槽，雄蕊10枚	闽、台、粤、琼、桂、滇、黔等地山林	4~5月	少	少
	东方古柯	木豆豆、猫胭木、大茶树	灌木或小乔木。花小，单生或簇生于叶腋，为异长花柱花；萼裂片5枚，花瓣5枚，内面有2枚舌状附属物；雄蕊10枚，花丝基部合生。蜜腺位于花丝管外侧	粤、琼、桂、滇、黔、赣、浙、闽（中部、北部和西部）等地山林	4~6月	较多	少
藜科	骆驼蓬	臭草、臭古朵	多年生草本。分枝铺地散生。叶肉质，花单生，淡白色或浅黄绿色，花萼5枚，花丝基部宽展，5个绿色蜜腺凹陷于杯状花盘内	陕、甘、宁、青、新、冀、晋、内蒙古等地	6~7月	较多	较多
	藜	白藜藜、藜蓿	草本。分枝平卧，密生柔毛。复叶，花黄色，5数，雄蕊10枚，生于10裂花盘基部，基部有鳞片状蜜腺	全国各地，长江以北最普遍，西北最多	北方5~9月，南方4~10月	较多	较多

（续）

科名	中文名	别名	主要形态特征	分布	花期	蜜	粉
芸香科	酒饼簕	梅橘、雷公簕、狗橘	常绿灌木。叶密生小油点。花白色，雄蕊10枚，着生于稍凸起的花盘基部	粤、琼、桂、闽（南部）、台等地栽培	4~7月	较多	较多
	飞龙掌血	三百棒、见血飞、猫爪簕	木质藤本。有皮刺。掌状3小叶。聚伞圆锥花序，单性花。花盘延长，蜜腺4~5个	陕、甘、鄂、湘、浙、赣、闽、台、粤、琼、桂、滇、黔、川等地山区	全年，以10~12月为多	较多	少
苦木科	臭椿	椿树、樗	落叶乔木。奇数羽状复叶，叶缘近基部各齿有腺体。圆锥花序，花杂性。花盘10裂	除黑、宁、新、青等少数地方外，全国各地均有分布	5~6月	较多	少
	鸦胆子	苦参子、老鸦胆	灌木或小乔木。奇数羽状复叶。圆锥花序，雌雄异株；花4数，暗紫色。花盘厚，4裂	长江以南各地及琼、台	5~6月	较多	少
橄榄科	橄榄	白榄、山榄	常绿乔木。奇数羽状复叶。圆锥花序。花单性，雌雄异株；偶有单性花和两性花同株；雄蕊6枚，生于环状花盘外侧	闽、粤、琼、桂、滇、川、台等地有栽培。粤（西南部）、桂（西部）、闽（南部）有野生	4~6月	较多	少

（续）

科名	中文名	别名	主要形态特征	分布	花期	蜜	粉
楝科	楝	苦楝、紫树、森树、楝枣子	落叶乔木。二至三回单数羽状复叶。圆锥花序，花淡紫色。雄蕊管紫色，花药10枚，着生于管口齿裂片内侧；花盘蜜腺环绕子房基部	甘（南部）—陕—冀一线以南各地及台、琼	4~5月	少	少
	蜜柑草		一年生草本。花雌雄同株。雄花片4枚，无花瓣；花盘蜜腺2~3枚；雌花萼片6枚，花盘蜜腺6个	闽、浙、苏、皖、黔	6~8月	较多	少
大戟科	余甘子	油甘	落叶小乔木或灌木。花盘蜜腺6个，雄花萼片6枚、花盘蜜腺杯状；雌花花盘蜜腺环状	闽、台、粤、琼、桂、滇、黔、川	5~6月	较多	
	叶底珠	一叶秋	落叶灌木。雌雄异株或同株。雄花萼4~5枚，花盘蜜腺；雌花与同数的花盘蜜腺互生	东北、华北、华东及豫、鄂、川、陕、台等地	5~7月	较多	少
漆树科	盐肤木	五倍子树、麸杨树	灌木或小乔木。奇数羽状复叶。圆锥花序，花杂性，黄白色。雄蕊着生于花盘基部	除青、新、吉、内蒙古等地外，全国各地都有分布	8~9月	较多	较多

(续)

科名	中文名	别名	主要形态特征	分布	花期	蜜	粉
漆树科	漆树	漆、生漆	落叶乔木。奇数羽状复叶。圆锥花序。花杂性或雌雄异株，花盘着生于环状花盘边缘	除黑、吉、内蒙古、新外，全国各地都有分布	南方4~5月，北方5~6月	较多	少
	腰果	槚如树、鸡胸果	小乔木。单叶全缘。圆锥花序。花杂性、黄色，有紫红色条纹。花盘充满花萼基部	琼、粤、桂（南部）、滇（东南部、西南部）、闽（南部）、台。主产于琼	主花期2~4月	较多	
冬青科	冬青		乔木或灌木。聚伞花序。雌雄异株，花紫红色	长江流域和以南各地及琼、台	4~7月	少	少
	青江藤	野茶藤、黄果藤	藤状灌木。聚伞花序，花小、绿白色，5数，花盘5裂。种子有橙红色假种皮	闽、粤、琼、桂、滇、黔、川	10月至次年4月	较多	少
卫矛科	扶芳藤	爬行卫矛、胶东卫矛、常春卫矛	攀缘灌木。聚伞花序。花绿白色，4数。花盘肉质4裂	陕、甘、晋、鲁、豫、苏、皖、浙、赣、湘、鄂、川、滇、闽（西北部）	6~7月	较多	少
	五层龙	杪拉木	攀缘灌木。叶对生。花簇生，5数。雄蕊3枚，花盘肉质环状包围着子房	粤、琼	12月至次年1月	较多	

（续）

科名	中文名	别名	主要形态特征	分布	花期	蜜	粉
省沽油科	野鸦椿	酒药花、鸡肾果、山海椒	落叶灌木或小乔木。奇数羽状复叶，对生。聚伞圆锥花序，花黄白色，5数，花盘环状，边缘有齿	粤、桂、湘、豫、鄂、滇、黔、川、皖、浙、赣、闽、苏（东部、北部和西部）等地，山林野生或栽培	4~6月		少
槭树科	五角枫	色木、水色树、色木槭、地锦槭	落叶乔木。单叶对生。伞房花序，花淡黄色，雄花和两性花同株，雄蕊8枚，着生于环状花盘内侧	东北、华北及陕、甘、鄂、湘、豫、川、鲁、苏、皖、浙、赣	4~5月	较多	较多
	青榨槭	大卫槭、青虾蟆	落叶乔木。单叶对生。总状花序，花黄绿色，雄花和两性花同株，花盘位于8枚雄蕊内侧	华北、西北、华东、华中和西南各地	4~5月	较多	较多
无患子科	七叶树	娑罗树、梭椤子、娑罗子	落叶乔木。掌状复叶对生。长圆锥花序，花杂性，白色，花萼5齿，花瓣4枚，雄蕊6枚，两性花位于花序基部，花盘位于雄蕊外侧	京（西山）、冀（南部）、晋（南部）、豫（北部）、陕、苏、浙等地野生或栽培	4~7月	较多	较多

（续）

科名	中文名	别名	主要形态特征	分布	花期	蜜	粉
无患子科	文冠果	文官果、木瓜	落叶灌木或小乔木。奇数羽状复叶。圆锥花序，花杂性、白色，基部红色或黄色，花盘5裂，裂片背面有一橙色附属体	东北、华北及豫、陕、甘	4~6月	较多	较多
	栾树	木栾、黑色叶树	落叶乔木。奇数羽状复叶。圆锥花序，花淡黄色、中心紫色、杂性，花盘偏斜，3~4裂	东北、华北、华东、西南及陕、甘、豫	6~7月	少	较多
凤仙花科	凤仙花	急性子、指甲花	一年生肉质草本。花大，红色或淡黄色、白色、粉小。后1枚花瓣状，侧生2枚萼片3枚，延伸成距，分泌组织在距内	各地普遍栽培的花卉，也有野生	5~10月	较多	少
鼠李科	马甲子	雄虎刺、铁篱色、铜钱树	落叶灌木。有对生托叶刺。聚伞花序，花5数，黄绿色，花盘5或10齿裂，子房大部分藏于花盘内	粤、桂、闽、台、浙、苏、皖、湘、鄂、滇、黔、川	5~8月	少	少
	云南勾儿茶	金藤、牙公藤	攀缘灌木。圆锥花序，花5数、黄色，花盘肥厚，侧生2枚，子房下部陷入花盘内	滇、黔、川、粤、桂、湘、鄂、赣	7~8月	较多	较多

（续）

科名	中文名	别名	主要形态特征	分布	花期	蜜	粉
葡萄科	葡萄	葡萄、草龙珠	木质藤本。聚伞圆锥花序与叶序对生，花黄绿色，5数，花盘分裂成5个蜜腺，子房基部与花盘合生	全国各地普遍栽培，品种繁多	南方4~5月，北方5~6月	较多	少
杜英科	日本杜英	薯豆	乔木。总状花序腋生，花杂性，浓绿色。雄蕊多数，花药孔裂，花盘肥厚。蒴果10裂	闽、粤、琼、桂、滇、黔、川、湘、赣、浙	4~5月	较多	较多
	猴欢喜		常绿乔木。叶常聚生于枝端。花白色，下垂。雄蕊多数，花药孔裂，花盘肥厚。蒴果有长刺，种子有黄色假种皮	长江以南各地及台	5~6月	较多	较多
椴树科	椴树	千层皮、青桐椆、峨眉椆	乔木。聚伞花序，总花柄与舌状苞片下半部贴生，花瓣基部有1个鳞片状蜜腺	闽、浙、赣、湘、鄂、桂、滇、黔、川	6~7月	少	少
	扁担杆	孩儿拳头、扁担木	落叶灌木或小乔木。聚伞花序与叶对生，花淡黄绿色，5数，雄蕊多数，花瓣基部有鳞片状蜜腺	闽、台、粤、桂、苏、皖、浙、赣、湘等地	6~7月	少	少

（续）

科名	中文名	别名	主要形态特征	分布	花期	蜜	粉
锦葵科	玫瑰茄	山茄子、洛神花	草本。茎枝淡紫色。叶下面中脉近基部有1个蜜腺。花黄色，内面基部深红色，萼淡紫红色	粤、闽、台、滇均可栽培	7~8月	少	
木棉科	木棉	攀枝花、英雄树、红棉	落叶大乔木。树干常有圆锥状刺。掌状复叶。花先叶开放。红色，雄蕊多数	琼、台、粤（南部）、闽（东南部）、滇（南部）、川	2~3月		较多
梧桐科	梧桐	青桐、桐麻	落叶乔木。树皮绿色。圆锥花序。花单性，无花瓣，雄花有蕊柱、雄蕊多数，雌花有子房柄、有退化雄蕊	华东、华中、华南、西南及华北，甘、冀等地	6~7月	较多	较多
五桠果科	锡叶藤	水车藤、涩叶藤	木质藤本。圆锥花序。花两性、白色，萼片5枚，花瓣3枚，药隔大，雄蕊多数	闽（南部）、粤、琼、桂	7~8月	较多	少
五桠果科	大花五桠果	大花第伦桃、枇杷树、山牛彭	常绿乔木。总状花序，花两性，黄色，5数，雄蕊多数，花药比花丝长2~4倍，孔裂	琼、粤、桂、滇等热带雨林中	4~5月	较多	少

科名	中文名	别名	主要形态特征	分布	花期	蜜	粉
猕猴桃科	中华猕猴桃	猕猴桃、红藤梨	藤本。髓大，层片状。聚伞花序，花开时白色，后变淡黄色，5数，雄蕊多数，花柱丝状。浆果密生棕色长茸毛	粤、桂、闽、湘、赣、浙、苏、皖、鄂、豫、甘、陕、滇、黔、川	5~7月	少	少
山茶科	大果核果茶	石笔木	乔木。花大，单朵顶生，淡黄色，花瓣5枚。萼片9~11枚，有金黄色茸毛，雄蕊多数	粤、桂、滇、湘、闽	6~7月	少	较多
	黄牛木	雀笼木	灌木或小乔木。树皮淡黄色，幼枝淡红色，5数。聚伞花序，花粉红色，5数，盏状蜜腺3个，与3束雄蕊互生	粤、桂（南部）、滇、闽（栽培）、琼	4~6月	较多	少
藤黄科	金丝梅	芒种花、云南连翘	灌木。小枝红褐色，2棱。叶对生。花金黄色，5数，雄蕊5束，花药淡黄色，有1浅褐色腺体，花柱5枚	陕、甘、鄂、湘、川、滇、黔、苏、皖、浙、辽、闽、台、粤、桂山区较多	4~6月	少	较多

（续）

科名	中文名	别名	主要形态特征	分布	花期	蜜	粉
柽柳科	柽柳	西湖柳、山川柳、西河柳	灌木或小乔木。枝紫红色。圆锥花序，花小，粉红色，5数，花盘10裂	东北、华北及秦岭以南各地	7～9月	较多	
大风子科	山石榴	牛头簕、刺榴	小乔木或灌木。总状花序，腺体有2个腺体多数，花淡黄白色，雄蕊多数，花盘10裂	闽、粤、琼、桂	10～11月	较多	少
西番莲科	鸡蛋果	百香果、洋石榴	草质藤本。嫩茎4棱。叶柄近顶端有2个腺体，单花腋生，花瓣白带紫绿色，副冠丝状，雄花柄下有杯状蜜腺	台、闽、琼、粤、桂、滇等地栽培	3～9月，主花期4～5月	较多	较多
番木瓜科	番木瓜	木瓜、万寿果	小乔木。有乳汁。叶大，生于茎顶，叶柄中空。雌雄异株。雄花序圆锥状，雌花序伞房状	琼、台、闽、粤、桂、滇（南部）	全年	较多	较多

（续）

科名	中文名	别名	主要形态特征	分布	花期	蜜	粉
仙人掌科	仙人掌	仙巴掌、火焰	肉质植物。茎扁，绿色，簇生长刺。花单生，黄色，花被多数，雄蕊多数	南方各地栽培或野生	4~6月	较多	较多
胡颓子科	牛奶子	甜枣、麦粒子、剪子股	落叶灌木。有刺，有银白色鳞片。花先叶开放，黄白色，蜜腺位于缢缩的花被筒内，子房上位	长江流域及以北各地	5~6月	较多	少
千屈菜科	千屈菜	水柳、对叶莲	多年生草本。茎4或6棱。叶对生。总状花序，花两性，中，不同植株中雄蕊亦有长、中、短三型，与之相应的花柱亦有长、中、短三型	全国各地野生，亦有栽培	6~9月	少	少
	紫薇	痒痒树、百日红	落叶乔木或灌木。叶对生。圆锥花序，花两性，白色、粉红色、紫色，花瓣波状皱缩，雄蕊多数	华南、华东、西南及陕、甘	6~9月		较多
红树科	红树	鸡笼答、五足驴	灌木或小乔木。叶交互对生，下面有腺点。聚伞花序，花黄色，4数、有花盘。子房半下位	琼（文昌、崖县）	几乎全年	较多	少

（续）

科名	中文名	别名	主要形态特征	分布	花期	蜜	粉
桃金娘科	红千层	金宝树、瓶刷木	小乔木或灌木。叶条形，有油点。穗状花序，花红色，5数。雄蕊多数，花丝红色，花药暗紫色，花蜜分泌组织位于杯状花托内	闽、粤、琼、桂等地栽培	4~5月	较多	较多
	洋蒲桃	莲雾、金山蒲桃、爪哇蒲桃	乔木。叶对生，有腺点。聚伞花序，花白色，雄蕊多数，花蜜分泌组织位于花托内周。果实梨形或圆锥形，肉质，粉红色	台（屏东和宜兰多），粤、琼、桂、闽（厦门、漳州、泉州）等地有栽培	闽、琼3~4月，台3~7月	较多	较多
	菲油果	南美稔、费约果	常绿小乔木。枝有灰褐色毛。叶对生，下面灰白色。花单生，4数。雄蕊多数，红色，花蜜分泌组织位于花托内周，花柱略红色	闽、滇有栽培（观赏、果供食用）	3~4月	较多	较多
柳叶菜科	柳兰	山楂花、铁筷子	多年生直立草本。总状花序顶生，花红紫色，4数。雄蕊8枚，向一侧弯曲。子房下位	东北、华北、西北和西南各地	6~9月	较多	少

（续）

科名	中文名	别名	主要形态特征	分布	花期	蜜	粉
五加科	八角金盘	手树	灌木或小乔木。单叶，掌状分裂。伞形圆锥花序，花淡白色，5数，花盘隆起，子房下位，5室	南方各大城市有栽培	9～10月	较多	少
	五加	五加皮、五叶路刺	落叶灌木。叶柄基部常有刺。伞形花序单生或双生，花黄绿色，5数	华东、华中、西南、华南及甘、陕、晋等地	5～6月	较多	少
伞形科	芫荽	香菜、胡荽	一年生草本。具强烈香味。基生叶一至二回羽状全裂，茎生叶二至三回羽状深裂。复伞形花序，花白色或淡紫色，5数，雄蕊5枚着生于肉质花盘周围	全国各地栽培	南方4～6月，北方7～8月	较多	少
	茴香	怀香、小茴香	多年生草本。叶三至四回羽状全裂，复伞形花序，花金黄色，花盘扩展成短圆锥状短柱基	全国各地栽培	6～8月	较多	少

（续）

科名	中文名	别名	主要形态特征	分布	花期	蜜	粉
山茱萸科	毛梾	油树、凉子树、小六谷	落叶乔木。伞房聚伞花序，花白色，4数，花盘垫状，子房下位，密生灰色柔毛	全国各地	4～6月	较多	少
	山茱萸	枣皮	落叶灌木或乔木。伞形花序先叶开放，花4数，花盘肉质环状，子房下位	陕、甘、鲁、皖、浙、豫、鄂、川等地	4～5月	较多	少
桤叶树科	云南桤叶树	南岭山柳、木桶瓜	落叶灌木或小乔木。总状花序，密生锈色星状毛，花白色中带粉红色，5数，雄蕊10枚	闽（北部）、粤、赣、浙、湘、皖、鄂、滇、黔、川等地	6～8月	较多	较多
杜鹃花科	滇白珠	满山香、老鸦泡、透骨草	常绿灌木。总状花序腋生，花冠绿白色，钟形，雄蕊10枚，花药背部有4芒，花盘稍10裂，子房上位	滇、川、黔、鄂、粤、桂等地，以滇西峡谷区为多	7～9月	较多	

122

（续）

科名	中文名	别名	主要形态特征	分布	花期	蜜	粉
杜鹃花科	短尾越橘	福建乌饭树	常绿灌木。总状花序腋生，花冠钟形，白色，雄蕊10枚，药背有2芒，孔裂，子房下位	闽、浙、赣、湘、黔、粤、桂等地	5～6月	较多	
	灯笼花	贞桐、深红树萝卜	落叶灌木或小乔木。叶聚生于枝端部。花多数，伞形、钟形，红色，花药有2芒，花冠宽，花盘蜜腺环状，黄色	闽、浙、赣、湘、鄂、川、滇、黔、桂、粤、台	5～6月	较多	
	美丽马醉木	兴山马醉木	常绿灌木或小乔木。圆锥花序，花白色杂有红色斑点，药背有2芒，花盘10浅裂	藏、川、滇、鄂、湘、赣、浙、闽、粤、桂等地	3～5月	较多	少
紫金牛科	蜡烛果	桐花树、浪柴、红蒴	灌木或小乔木。叶、花、花药均有黑色腺点，伞形花序，花白色，5数，花药有横隔	福建惠安至广西钦州湾沿海、海南文昌、崖县沿海、台湾。生于海边潮水涨落的污泥滩上	主花期3～5月	较多	少

科名	中文名	别名	主要形态特征	分布	花期	蜜	粉
紫金牛科	铁仔	碎米棵、小铁子、大红袍	灌木。小枝有棱。生锈色柔毛。近伞形花序腋生。花有腺点，花雌雄异株。花4数，花药紫色	藏、川、滇、黔、陕、甘、湘、鄂、粤、桂、台等地山林	5~7月	较多	
	酸果藤	酸子藤、甜酸叶、入地龙、信筒子	攀缘灌木。雌雄异株。花4数，白色或带黄色。果球形，暗红色	闽、台、粤、琼、桂、滇、赣等地山林	12~3月	较多	
白花丹科	白雪花	白花丹、白皂药、照药根子	攀缘半灌木。枝有棱槽。花序，序轴有腺体，花萼5棱上有腺体，花白色	闽、台、粤、琼、桂、滇、黔、川	8月至次年3月	较多	
	中华补血草	盐云草、华矾松、三色补血草、华蔓莉	直立草本。莲座叶状。花5数，苞片紫褐色，花瓣黄色	黑、辽、内蒙古、冀、豫、鲁、苏、浙、闽、粤、琼等地海边河滩附近、低洼盐碱地	5~10月	较多	少
	二色补血草	苍蝇花、蝇子草、碱蔓茎	多年生草本。聚伞圆锥花序。有不育小枝，苞片紫红色，萼片白色，花瓣黄色	东北、华北、西北、生于海滨盐碱地、沙丘、河滩草地	6~9月	较多	少

（续）

科名	中文名	别名	主要形态特征	分布	花期	蜜	粉
山矾科	白檀	碎米子树、乌子树	落叶灌木或小乔木。圆锥花序，花白色，雄蕊多数，花丝基部合生成五体雄蕊，花盘有5枚凸起的蜜腺	东北、华北、华东、华中、华南、西南	南部3～4月，北部5～6月	较多	较多
	羊舌树	粉叶山矾、花眼	小乔木。穗状花序，花白色，雄蕊多数，花丝基部合生成五体雄蕊，花盘环状	闽、台、粤、琼、桂、滇、浙等地山林	4～8月	较多	较多
	白花龙	棉子树、扣子柴	灌木。幼枝密生灰黄色星状毛。总状花序，花白色，5数，雄蕊10枚	苏、皖、浙、赣、闽、粤、桂、湘、鄂、黔、川等地杂木林或灌丛	3～4月		较多
安息香科	赤杨叶	水冬瓜、白花盏	落叶乔木。总状或圆锥花序，花白色带粉红色，5数，雄蕊10枚，5长5短，花丝下部合生成筒，种子两端有翅	长江以南各地山林	4～6月	少	较多

第二章　蜜粉源植物

125

（续）

科名	中文名	别名	主要形态特征	分布	花期	蜜	粉
木犀科	女贞	桢木、将军树、蜡树	乔木。叶全缘，对生。聚伞圆锥花序顶生，花冠白色，钟状，雄蕊2枚。果蓝黑色或蓝紫色	苏、皖、浙、赣、闽、粤、桂、湘、鄂、滇（南部）、黔、川、陕、甘等地栽培或野生	5~7月	少	大量
	暴马丁香	白丁香、青杠子	灌木。单叶对生。全缘。聚伞圆锥花序，花白色，雄蕊2枚。蒴果2裂，种子有翅	东北、华北及豫、陕、甘等地	4~7月	较多	较多
马钱科	密蒙花	蒙花、米汤花	灌木。小枝略四棱形。密生灰白色茸毛。叶对生。聚伞圆锥花序。花4数，淡紫色至白色，冠筒内面黄色，雄蕊4枚	西南、华中、华南及闽、陕、甘等地栽培或野生	9~11月	较多	少
龙胆科	北方獐牙菜	北方享乐菜、北方西伯菜	一年生草本。茎四棱形。聚伞圆锥花序。花5数，淡紫色。花冠裂，裂片基部有2个长圆形蜜腺窝	西北、华北及吉、豫、鲁、苏、浙、闽等地	9~11月	较多	少

（续）

科名	中文名	别名	主要形态特征	分布	花期	蜜	粉
龙胆科	水皮莲	水鬼莲、水浮莲	浮水草本。节上生根。叶阔心形，上面绿色。下面带紫色。花数朵簇生于叶腋。白色。5数。5个黄色蜜腺围绕子房基部	闽、粤、琼、湘、苏、台等地淡水池塘中	5~10月	较多	少
夹竹桃科	罗布麻	野麻、红麻、茶叶花	直立半灌木。有乳汁。枝条常对生，紫红色或淡红色。叶对生。花紫红色。聚伞花序。花紫红色。5数。花冠圆筒形。钟状。花盘肉质	西北、华北、华东、北各地。以新疆面积最大	5~8月	大量	
	大叶白麻	野麻、大花罗布麻	直立半灌木。有乳汁。叶互生。聚伞花序。花5数。花冠宽钟状。外面粉红色，内面带紫色。肉质肉质花盘。环状肉质花盘	新（南疆最多）、甘、青（柴达木盆地多）、内蒙古（额济纳旗多）	5~8月	大量	
萝摩科	牛奶菜	三百银、婆婆针线包	木质藤本。植物体具黄色茸毛。叶卵状心形对生。伞形聚伞花序。花5数。白色或淡黄色。花萼内面基部有10余个蜜腺	闽、浙、赣、粤、桂、鄂、湘、川等地	5~10月	较多	

（续）

科名	中文名	别名	主要形态特征	分布	花期	蜜	粉
旋花科	番薯	甘薯、红薯、白薯、山羊、地瓜	多年生草质藤本。有乳汁。聚伞花序，花色各种，花冠漏斗状或钟状，花盘环状，位于子房基部	全国各地普遍栽培	10~12月	大量	少
	田旋花	中国旋花、箭叶旋花	蔓生草本。叶戟形，互生。花1~3朵腋生，5数，漏斗状花冠，粉红色，花盘环状，位于子房基部	东北、华北和西北各地及鲁、豫、川、藏等地	6~8月	较多	少
	篱栏网	鱼黄草、三裂叶鸡矢藤、小花山猪菜	缠绕性草本。聚伞花序腋生，花冠钟状，黄色，花盘环状	闽、台、粤、琼、桂、滇、赣	闽8~11月，琼11月至次年3月	较多	少
	微孔草	野菠菜	草本。茎有刚毛。聚伞花序腋生，花5数，花冠蓝色，喉部有5个附属物，花盘环状，子房4深裂	藏、青、滇（西北部）、川（西部）、甘等地高原的草地、草坡	7~8月	较多	较多
紫草科	聚合草	友谊草、爱国草、直立聚合草	草本。全株密生糙毛。叶长椭圆形、全缘。总状花序，花淡紫红色，花冠喉附属体5个，圆喉附属体5个，花盘环状，子房4深裂	东北、华北、西北及长江流域引种栽培作收草，福建南平等地引种较多	3~5月	较多	少

（续）

科名	中文名	别名	主要形态特征	分布	花期	蜜	粉
马鞭草科	马鞭草	风劲草、铁马鞭	草本。茎四棱形。穗状花序。花淡蓝紫色。雄蕊4枚。花盘环状	西北、华中、西南、华东、华南等地	5~9月	少	少
	兰香草	莸、山薄荷、马蒿	小灌木。枝圆柱形。叶有黄色腺点。聚伞花序。花淡蓝紫色。二唇形。下唇中裂片较大1片边缘流苏状。雄蕊4枚。开花时与花柱同伸出冠外。花盘环状	闽、粤、桂、湘、鄂、甘、苏、皖、浙、赣等地山坡荒草地	4~6月	较多	少
唇形科	蜜蜂花	滇荆芥、土荆芥	多年生草本。根状茎基四棱形。叶下面主脉两侧带紫红色或全紫色。轮伞花序。花白色或淡红色。二强雄蕊。花盘4裂。子房4裂	闽（西北部）、台、粤、桂、滇、黔、川、藏、赣、湘、鄂、陕	6~11月	较多	较多
	石香薷	细叶香薷、香薷、土香薷	草本。有白色柔毛。叶线状披针形。两面有柔毛和棕色凹陷腺点。头状或假穗状花序。花紫红色至白色。雄蕊4枚。前2枚育有。花盘前方呈指状膨大	华东、华中、华南、西南	6~10月	较多	

（续）

科名	中文名	别名	主要形态特征	分布	花期	蜜	粉
茄科	宁夏枸杞	中宁枸杞	灌木。有刺。花1~6朵簇生于短枝上，花冠漏斗状，粉红色或紫红色，花丝基部密生革毛	西北、华北，以宁夏栽培普遍，面积大	5~9月，主花期5~6月	较多	少
	白花泡桐	泡桐、白桐	落叶大乔木。叶心状卵圆形，全缘。聚伞圆锥花序，花白色，内有紫斑，二强雄蕊，花盘环状	长江以南各地及台、琼	3~4月	较多	较多
玄参科	毛蕊花	一柱香、大毛叶	二年生草本，全体密生黄色星状毛。穗状花序，长达20~30cm，花密集，黄色，雄蕊5枚，花盘环状	新、藏、青、川、滇及浙（天目山）	6~8月	较多	较多
	金鱼草	龙头花、狮子花	草本。茎中上部叶对生，上中部叶互生，密生腺毛。总状花序，花红色、紫红色或白色，二强雄蕊，花盘环状	各地庭园栽培，亦有野生	3~6月	较多	

（续）

科名	中文名	别名	主要形态特征	分布	花期	蜜	粉
	梓	梓树、火楸、木豆角	落叶乔木。叶对生。圆锥花序。花冠淡黄色，内有黄色脉纹和紫色斑点。花盘环状	长江流域及北方各地	5~6月	较多	
紫葳科	凌霄花	紫葳、女葳花、陵苕	落叶木质藤本。单数羽状复叶对生。圆锥花序。花冠漏斗状钟形、橘红色。二强雄蕊。花盘肥大，环绕子房	浙、赣、鄂、湘、苏、皖、闽、粤、琼、桂、滇、黔、川、陕等地山林野生或栽培于庭园	3~10月	较多	少
车前科	大车前	车前草、钱贯草	多年生草本。基生叶丛生。宽卵形。穗状花序。花密生。花4数，雄蕊4枚。伸出花冠外	新、陕、湘、鄂、川、滇、黔、浙、赣、闽、台、粤、琼、桂等地	6~9月		较多
茜草科	水锦树	牛伴木、又耳蛇、猪血木	乔木。小枝有锈色毛。叶对生。托叶早落。圆锥花序顶生。花冠白色。筒状漏斗形，雄蕊5枚。花盘环状	滇（南部和西部）、黔、粤、琼（东方、昌江）、桂、川	2~4月	较多	少
	鸡仔木	水冬哥	乔木。叶对生。托叶早落。头状花序总状花序式排列。花5数，白色。花盘环状。花柱突出	滇、黔、川、湘、苏、皖、浙、闽、台、粤、桂等地山林中	4~7月	较多	较多

（续）

科名	中文名	别名	主要形态特征	分布	花期	蜜	粉
	忍冬	金银花、二花、通灵草、苞花	攀缘灌木。枝密生柔毛和腺毛。花2朵有1总柄，花5数，花冠刚开放时为白色略带紫色，后转为金黄色，雄蕊5枚，伸出花冠外，花盘枕状，子房下位	华东、华南、西南、华中及辽、冀、晋、陕、甘、宁等地山地野生，有栽培	5~6月	少	少
忍冬科	接骨草	陆英、赶山虎、走马风、蒴藋	高大草本至半灌木。髓心大。白色，单数羽状复叶。对生。复伞房状花序顶生。有不孕花演变成的黄色杯状蜜腺。花小，白色	苏、皖、浙、赣、闽、台、琼、粤、桂、滇、黔、川、鄂、湘、豫等地山林、山坡草地	6~8月	较多	少
	六道木	六条木、鸡骨头	灌木。幼枝有倒刺，刚毛。叶柄基部膨大，两对生叶叶柄基部合生。花4数、白色、淡黄色或带红色。2朵并生枝端。二强雄蕊	冀、晋、内蒙古、辽等地的山地灌丛	5~6月	较多	较多
败酱科	败酱	黄花龙牙	多年生大草本。枝有白粗毛。伞房状聚伞花序，冠钟形，5裂、雄蕊4枚、子房下位	全国各地	7~9月	少	少

（续）

科名	中文名	别名	主要形态特征	分布	花期	蜜	粉
川续断科	川续断	刺芹儿、川断	草本。茎6~8棱，棱上疏生刺毛。头状花序总苞片条形，花4数，白色，雄蕊4枚，伸出	川、滇、黔、藏、鄂等地山林边，沟边草丛	8~10月	较多	少
葫芦科	南瓜	金瓜、番瓜、冬瓜	蔓生草本。雌雄同株，花大、黄色，钟状花冠，雄花有3雄蕊，花药合生，花盘凸起成锥形。3裂，雌花子房下位，花盘肉质较糙	全国各地广为栽培	主花期7~8月	较多	较多
	西瓜	寒瓜	蔓生草本。雌雄同株，花冠阔钟状、淡黄色，外面带绿色，雄蕊雄蕊3枚，花药S形，退化雌蕊腺体状、卵形、肾形	全国各地普遍栽培	6~7月	较多	较多
桔梗科	新疆党参	党参	多年生草本。有白色乳汁。肉质根圆锥状或纺锤形。花单生于多分枝的枝端，钟状花冠内面基部有蓝色或淡蓝白色，紫红色乳突，蜜腺橘黄色，呈五角星形或六角形，雄蕊5枚，子房中下位	新、藏（西部）	6~8月	大量	少

（续）

科名	中文名	别名	主要形态特征	分布	花期	蜜	粉
桔梗科	轮叶沙参	南沙参、四叶沙参、白参、铃儿草	多年生草本。有白色乳汁。圆锥花序。圆锥状，花5数，花冠钟状，蓝色，花丝基部膨大，花圆筒状，雨干花柱基部，子房下位	东北、华南、长江中下游各地、陕、晋、豫、冀、鲁	7~8月或9~10月	较多	少
菊科	红花	草红花、淮红花、黄兰、红花尾子	一年生草本。叶卵状披针形，近于无柄而抱茎。边缘有刺齿。篮状花序，总苞片多列，外2~3列呈叶状，管状花内外卵形，管状花橘红色，分泌组织位于花管近基部	全国各地普遍栽培，作药用或观赏，主产于豫、浙	6~7月	较多	较多
香蒲科	水烛	水蜡烛、蒲草、水菖蒲、鬼蜡烛	多年生沼生草本。叶线形。花序圆柱形。雌雄花序不连接，雄花序在上部，序中常有无性花，雌花序在下部	全国绝大多数地区的水边、池沼都有分布	5~7月		较多
泽泻科	华夏慈姑	燕尾草、白地栗、乌芋	多年生直立水生草本。基生叶有长柄。出水叶箭形，浮水叶心形、沉水叶线形。总状花序，花单性。下部雌花有短柄，上中部雄花有长柄，花白色，基部有紫斑，雄蕊多数	全国各地水稻田或沼泽地常见的田间杂草。南方也有栽培，球茎供食用	5~6月或6~7月、8~9月	少	少

（续）

科名	中文名	别名	主要形态特征	分布	花期	蜜	粉
禾本科	玉蜀黍	玉米、包谷、棒子、苞米	一年生栽培粮食作物。秆粗壮。花序单性，雄花序由多数总状花序组成圆锥花序，雌花序生于叶腋，穗棒状，为多数叶状总苞所包藏，花柱丝状，伸出总苞外	各地均有栽培。主产区是从东北至华北再斜向西南的狭长地带	7～8月		大量
	高粱	蜀黍、蜀秫	一年生栽培粮食作物。圆锥花序，无柄小穗两性，有柄小穗雄性或中性	主产区为东北、华北，其次是西北、南方各地。东北、华北和西北种单季，黄河下游各地及以南种双季	北方单季6月，双季7月和8～9月		大量
	稻	水稻、禾	一年生栽培粮食作物。圆锥花序顶生，小穗两侧压扁，有小花3朵，其中能孕小花仅1朵，下面2朵为不孕小花	全国各地都有栽培。北方仅种单季稻，长江以南平原地区多种双季稻，山区种单季稻，琼、台部分地区一年可种3季	北方单季稻7月。南方早稻6月、山区单季稻8月或9月		大量

（续）

科名	中文名	别名	主要形态特征	分布	花期	蜜	粉
禾本科	芒	芭茅	多年生野生草本。圆锥花序扇形，小穗均含1朵两性花。基盘有白色丝毛，芒自第二外稃裂齿间伸出，膝曲。雄蕊3枚	全国各地	5~6月		大量
棕榈科	棕榈	棕树，山棕	乔木。叶掌状深裂，叶鞘纤维质，网状，暗棕色。宿存于茎上。肉穗花序排成圆锥状。花小，黄白色，雌雄异株	长江以南各地及台、琼、陕，甘栽培或野生于丘陵山地疏林中、林缘	4~6月		较多
雨久花科	雨久花	水白菜，水菠菜，水田蓝花菜	水生草本。根状茎相生。叶卵状心形。全缘。叶柄有时膨胀成囊状。总状花序。花被6枚，蓝色。雄蕊6枚，其中1枚较大且花丝有裂齿，其余5枚相等	东北、冀、晋、陕、豫、鲁及长江以南地区，台等。生于池塘、沟渠、水稻田、湖边	南方6~7月，北方7~8月	少	少

（续）

科名	中文名	别名	主要形态特征	分布	花期	蜜	粉
	菝葜	金刚藤、金刚兜、金刚刺	落叶攀缘灌木。茎有疏刺。叶宽卵圆形，全缘，弧形脉3～5条。叶柄中部有2个卷须，有鞘。伞形花序腋生。雌雄异株。花被6枚，雄花雄蕊6枚，雌花有6枚退化雄蕊	华东、华中、华南、西南	2～3月或4～5月	较多	少
百合科	洋葱	圆葱	多年生草本。有鳞茎。伞形花序生于花莛顶端。开花前为1闭合总苞所包，开花时总苞破裂。花被6枚，绿白色。雄蕊6枚。子房上位	全国各地普遍栽培	5～7月	少	较多
	川贝母	卷叶贝母	草本。有鳞茎。单花顶生，钟状。花被6枚，具绿紫色棋盘格状斑纹，内侧基部上方有蜜腺穴。雄蕊6枚	川、藏、滇、青、甘、宁等地	4～5月	较多	少
	石刁柏	芦笋、龙须菜、露笋	直立草本。根肉质。叶状枝3～6个成簇，扁圆柱形。叶鳞片状。花雌雄异株，花被6枚，钟状，绿黄色。雄蕊6枚	全国各地都有栽培，新疆西北部有野生，台湾的云林、彰化和嘉义最多	主花期4～5月和9月	少	较多

137

（续）

科名	中文名	别名	主要形态特征	分布	花期	蜜	粉
鸢尾科	唐菖蒲	菖兰、剑兰、十样锦	多年生草本。基生叶剑形，2列。穗状花序顶生，花红黄色、白色或粉红色。生于每一苞内，花被6枚，雄蕊3枚，子房下位。3室，有3个隔膜蜜腺	各地庭园栽培	2~3月	少	少
	马蔺	马莲、兰草、马兰	多年生草本。基部有红褐色纤维状的叶鞘残留。叶基生，花蓝紫色、条形。花被6枚，钟状，外轮花被有黄色条纹，有隔膜蜜腺	东北、华北、西北、华东和西南各地，生于沟边草甸、草甸	4~6月	较多	较多
芭蕉科	香蕉	天宝蕉、矮脚香蕉、龙溪蕉	具由叶鞘重叠而成的粗壮假茎。数花簇生于佛焰状苞片内，再聚成大型穗状花序，花乳白色，花被6枚，其中5枚合生成二唇状，雄蕊5枚发育1枚退化，子房下位	台、闽、粤、桂、琼、滇、川等地	主花期5~8月	较多	

第四节　有毒蜜粉源植物

一、有毒蜜粉源植物简述

有毒蜜粉源植物的种类较多，目前报道的有毒蜜粉源植物有34科50多属，国内常见的有雷公藤、博落回、苦皮藤、白头翁、羊踯躅、曼陀罗、喜树等。

有些植物虽然产生有毒物质，但花蜜或花粉毒性较小，蜜蜂和人食用后无明显中毒症状，可视为正常蜜粉源植物。如乌桕、老瓜头、黄连等。

有毒蜜粉源植物在我国多于春末、夏初开花泌蜜，尤其是干旱年份，当其他蜜源植物流蜜不多时，蜜蜂更是喜欢采集有毒蜜粉源植物的花蜜。有毒蜜粉源植物的花粉或花蜜含有对蜜蜂有毒的生物碱、糖苷、毒蛋白、多肽、胺类、多糖、草酸盐等物质，蜜蜂采集后，受这些有毒物质的作用而生病。因花蜜而中毒的多是采集蜂。中毒初期，蜜蜂兴奋，逐渐进入抑制状态，行动呆滞，身体麻痹，吻伸出；中毒后期，蜜蜂在箱内、场地艰难爬行，直到死亡。因花粉而中毒的多为幼蜂，其腹部膨胀，中、后肠充满黄色花粉糊，并失去飞行能力，落在箱底或爬出箱外死亡。花粉中毒严重时，幼虫滚出巢房而毙命，或烂死在巢房内，虫体呈灰白色。蜜蜂采集有毒蜜粉源植物的花蜜（如雷公藤、紫金藤、博落回等的花蜜）酿造的蜂蜜，人食用后会出现口干、口苦、唇舌发麻、恶心呕吐、疲倦无力、头昏、头痛、心慌、胸闷、腹痛、膝反射消失、腰酸痛、肝肿大等症状，有的表现为心动过速或过缓，周身酸痛、便秘、便血、嗜睡等，严重者血压下降，因心力衰竭而死亡。

二、常见有毒蜜粉源植物

雷公藤

别名黄蜡藤、菜虫药，卫矛科雷公藤属植物。

【形态特征】藤状灌木。小枝棕红色，有 4～6 棱，密生瘤状皮孔，被锈色短毛。单叶互生，卵形，边缘具小锯齿。聚伞圆锥花序，顶生或腋生，被锈毛。花小，黄白色。蒴果、未成熟时紫红色，成熟后茶红色。雷公藤花粉为黄色，扁球形，极面观为 3 裂（少数 4 裂）圆形，赤道面观为圆形。具 3 孔沟，少数 4 孔沟，沟中间宽，两端变窄，靠沟边变薄，两层，内层较薄，具规则的网状雕纹。

【分布】长江以南各地山区以及华北至东北山区。生于荒山坡及山谷灌木丛中。

【开花泌蜜习性】雷公藤夏季开花，花期湖南南部及广西北部山区 6 月下旬开花，云南花期为 6 月中旬至 7 月中旬。蜜腺袒露在花盘上，泌蜜较多，如遇干旱年份，其他蜜源植物泌蜜差，雷公藤仍泌蜜良好，蜜蜂即采集雷公藤花蜜酿造成蜜。雷公藤与紫金藤混生，在野外难以分辨。

【中毒概况】雷公藤蜂蜜呈深琥珀色，味苦带涩味，含有毒物质雷公藤碱，对人体有毒，而对蜜蜂无害。我国曾出现过多起雷公藤蜜中毒事件。

苦皮藤

别名苦树皮、棱枝南蛇藤、马断肠，卫矛科南蛇藤属。

【形态特征】藤状灌木。小枝 4～6 锐棱，具皮孔。单叶互生，叶片革质，矩圆状或近圆形，长 9～16cm，宽 6～11cm。聚伞状圆锥花序顶生，花黄绿色。蒴果黄色，近球形。苦皮藤花粉灰白色，数量较多，花粉粒扁球形或近球形。具 3 孔沟，沟宽，内孔大，两端尖。外壁表面具清晰的网状雕纹，网眼圆形不规则，网脊由颗粒组成。花粉粒轮廓清晰，呈波浪式。

【分布】在甘肃、陕西常生于海拔 400～3 600m 的山坡丛林及灌木丛中湿润的地方，常和白刺花等混生。适应性较强，喜温暖、湿润环境，较耐干旱。在秦岭、陇山南段、乔山和子午岭等山区分布数量较多。河南、山东、安徽、广东、广西、江西、江苏、四川、贵州等地都有生长。

【开花泌蜜习性】5～6月开花，花期20～30d，比当地主要蜜源白刺花晚15～20d，两种植物花期首尾相接。泌蜜多，散粉少。

【中毒概况】苦皮藤蜜水白色，透明，质地浓稠。苦皮藤花蜜和花粉均有毒，对成年蜂和幼虫都有伤害，尤其雨过天晴，白刺花花期结束，中毒现象更为严重。蜜蜂采食后腹部胀大，身体痉挛，尾部变黑，吻伸出呈钩状死亡。幼蜂食用苦皮藤蜜和花粉后也死亡，使群势骤降。因此，在白刺花末期应及时将蜂群转移到别的蜜源场地。

博落回

别名号筒杆、野罂粟、黄薄荷，罂粟科博落回属。

【形态特征】多年生草本。茎圆形，中空，黄绿色并被白粉。叶互生，一般为阔卵形，先端钝，基部呈心形，边缘有5～9掌状浅裂，叶面深绿色，叶背密生白粉。圆锥花序，花蕾绿白色，圆柱状，开放后即脱落；雄蕊多数，灰白色。花粉粒呈灰白色，球形，具6～8萌发孔；萌发孔轮廓清晰，具盖，周围有细颗粒。外壁表面具细网状雕纹，网孔小，网脊由颗粒组成。

【分布】博落回在我国淮河以南各地及西北地区、太行山区都有分布，如河南、湖南、湖北、江西、江苏、浙江等地。生长在草地、林缘、撂荒地。

【开花泌蜜习性】在云南6月上旬至7月上旬开花散粉，在广西龙胜6～7月开花，河南6月下旬至7月中旬开花。泌蜜少、散粉多，花粉香气浓郁。

【中毒概况】花粉丰富，香味浓郁，有毒蜜为粉源植物。茎汁有剧毒，花粉对幼虫有伤害。

藜芦

别名大藜芦、山葱、老旱葱，百合科。

【形态特征】多年生草本。高约1m，上部被白色茸毛，地下宿根多个，肉质。叶互生，基生叶阔卵形，长约30cm，宽4～10cm，先端渐尖，基部狭窄呈鞘状，全缘。圆锥花序顶生，两性花多着生于花序轴上部，雄花常着生于下部，花冠暗紫色至红白色；雄蕊6枚，子房圆形。蒴果，卵状三角形。花粉粒椭圆球形，具单沟，极面观为椭圆形，赤道面观为扁三角形。外壁较厚，表面具清晰的网状雕纹。

【分布】在东北林区的林缘、山坡、草甸成片生长。山东、内蒙古、甘肃、新疆、四川和河北也有分布。

【开花泌蜜习性】6～7月开花散粉。泌蜜多，散粉多。

【中毒概况】植株含有多种藜芦碱，蜜蜂采集其花蜜和花粉后出现抽搐、痉挛，来不及还巢就死于花下，带回巢的花蜜和花粉还会引起幼蜂和蜂王中毒，群势急剧下降。

乌头

别名草乌、老乌，毛茛科。

【形态特征】多年生草本植物。叶互生，卵圆形，3深裂近达基部，两侧裂片再2裂，上部再浅裂。总状花序顶生或腋生，萼片花瓣状，紫色，上方萼片盔状，两侧萼片近圆形；雄蕊多枚。乌头花粉粒长球形，赤道面观为椭圆形，极面观为3裂圆形。具3沟，沟宽，沟膜具颗粒。外壁表面有细颗粒状雕纹。

【分布】主要分布在东北、西北、华北和长江以南各地，生于山坡、林缘、沟旁等地。

【开花泌蜜习性】花期为7～9月，泌蜜量中等。

【中毒概况】花蜜和花粉对蜜蜂有毒。

曼陀罗

别名醉心草、狗核桃，茄科。

【形态特征】直立草本。单叶互生，阔卵形。花常单生于茎枝和分叉间，或腋间，直立；花萼筒状，花冠白色或紫色，漏斗状。花粉粒球形或近球形，赤道面观为椭圆形，极面观为

3 裂圆形。具 3 孔沟，沟短而窄，不太明显，内孔膜有乳头状突起，外壁有短而粗的条状或蠕虫状雕纹。

【分布】东北、华北和华南地区。长在路边、草地、溪涧和山坡等处，在海拔 1 900～2 500m 处最多，也栽种于庭院用于观赏。

【开花泌蜜习性】花期 6～10 月。

【中毒概况】曼陀罗有蜜有粉，花蜜和花粉均对蜜蜂有毒。

狼毒

别名断肠草、拔萝卜、燕子花，瑞香科。

【形态特征】多年生草本。茎直立，株高 20～50cm，丛生。有粗壮圆柱形的木质根状茎。叶无柄，互生，椭圆形或椭圆状披针形，全缘。头状花序顶生，花被筒紫红色，上端 5 裂片，白色或黄色，有紫红色脉纹。花粉粒圆球形，具 8～12 个散孔，外壁表面有细网状雕纹。

【分布】分布于河南、河北、云南、贵州、四川、吉林、辽宁、青海、甘肃、黑龙江、内蒙古、西藏等地。

【开花泌蜜习性】花期 5～7 月。蜜粉较为丰富。

【中毒概况】花蜜和花粉对蜜蜂和人体都有毒。全株含有植物碱和无水酸，有剧毒。

羊踯躅

别名闹羊花、黄杜鹃、老虎花，杜鹃花科。

【形态特征】落叶灌木。叶长椭圆形至长圆状披针形，下面密生灰白色柔毛。伞形花序顶生，有花 5～12 朵，花冠黄色，阔漏斗形。花粉粒为四合体形，排列成 1 粒在上、3 粒在下的组合形式，或呈相反排列，粒间界限不明显。花粉粒极面观为钝三角形，外形褶皱。具 3 孔沟，与相邻花粉粒的沟相连接，沟中具裂缝状内孔，位于相邻两沟接合处，沟膜上具颗粒。外壁有模糊的细网状雕纹，网孔小，圆形，网脊宽且平，表面具颗粒。

【分布】主要分布在湖南、湖北、江西、江苏、浙江、云南、四川等地，喜酸性土壤，生长在山坡、石缝或灌木丛中。

【开花泌蜜习性】开花期4～5月，蜜粉较多。

【中毒概况】蜜粉对蜜蜂和人都有毒。

钩吻

别名胡蔓藤、断肠草，马钱科。

【形态特征】常绿藤本植物。叶对生，卵状长圆形至卵状披针形。聚伞花序顶生或腋生，花小、黄色，花冠漏斗状。花粉粒长球形或近圆形，极面观为3裂圆形，外壁具网状雕纹。

【分布】主要分布在广东、广西、海南、云南、贵州、湖南、浙江、福建等地。多生于阳光允足的灌木林中或山地路边、草丛，数量少，零星分布。

【开花泌蜜习性】花期10～12月或至次年1月，花期、泌蜜期与鹅掌柴相同，花期长达60～80d，蜜粉丰富。

【中毒概况】全株有毒。

喜树

别名旱莲木、千仗树，蓝果树科。

【形态特征】落叶乔木。高可达20m以上，树干端直。枝条伸展，树皮灰色或浅灰色，有稀疏圆形或卵形皮孔。叶互生，纸质，卵状椭圆形或长圆形，先端渐尖，基部圆形，全缘或呈波状。花单性同株，多排成头状花序，雌花顶生，雄花腋生，花被淡绿色。花粉粒近球形或扁球形，赤道面观为梭形或菱形，极面观为钝三角形。具3孔沟，沟长至极端，内孔大而明显，孔膜略外突。外壁表面具细网状雕纹，网孔圆形或近圆形，网脊宽，表面具细颗粒。

【分布】主要分布在广西、广东、湖南、湖北、云南、贵州、浙江、江西、福建等地，生长于海拔1 000m以下的溪流边、山坡、谷地、庭院和路边湿润、肥沃的土壤中。

【开花泌蜜习性】浙江温州泌蜜期7～8月。

【中毒概况】蜜粉有毒。蜜蜂采集初期蜂群无明显变化，12d后，中毒幼蜂遍地爬行，幼虫和蜂王也开始死亡，群势急剧下降，对蜂群危害严重。

八角枫

别名包子树、勾儿花、白金，八角枫科。

【形态特征】落叶灌木或小乔木，高可达15m。枝平展。叶互生，长圆形或卵圆形。二歧聚伞花序，腋生，有花3～30朵；花瓣线形，通常6枚，开放时常向后反卷，花瓣初时白色，后变成黄色。花粉粒扁球形，极面观钝为三角形。具3孔沟，沟中间宽，往两端窄。内孔膜呈乳头状外突，从极面看位于三角形角处。外壁表面具细网状雕纹，网孔小，近椭圆形，网脊宽，高低不平，呈颗粒状。

【分布】分布于广东、广西、湖南、湖北、海南、福建、台湾、河南、浙江、江西、江苏、安徽、陕西、甘肃、四川、云南等地，生长于溪边、田野和山坡阴湿的杂木林中。

【开花泌蜜习性】花期6～9月，有蜜有粉。

【中毒概况】蜜粉对蜜蜂有微毒。

白头翁

毛茛科，银莲花属。

【形态特征】多年生草本植物。高10～40cm，全株被白色长柔毛，主根肥大，圆锥形。叶基生，具长柄，叶3全裂，中央裂片具短柄，3深裂，侧生裂片较小，不等3裂，叶正面绿色，疏被白色柔毛，背面淡绿色，密被白色长柔毛。花单生、顶生，花冠钟形，花茎自根生出，3枚苞片组成总苞片；苞片掌状深裂，基部愈合抱茎；萼片6枚，2轮，呈花瓣状，蓝紫色，大而鲜艳，外面密被白色柔毛；雄蕊多数，花药基着，黄色；雌蕊多数，花柱丝状。瘦果多数，密集成头状，宿存花柱羽毛状，形似老翁之头，故称白头翁。

【分布】分布于东北、华北、华东、中南、西南等地。

【开花泌蜜习性】花期 3～5 月，果期 5～6 月。花于叶先开放。

【中毒概况】蜜粉对蜜蜂和人都有毒。

马桑

别名千年红、马鞍子，马桑科马桑属。

【形态特征】落叶有毒灌木。一般高 1.5～2.5m，也有高达 6m 的。枝条斜展，幼枝有棱，紫红色，无毛。单叶对生，纸质至薄革质，多数紫色，椭圆形至宽椭圆形，顶端急尖，基部近圆形，全缘，两面都无毛或仅下面沿脉有细毛，基出 3 条主脉，叶柄粗，长 1～3mm。总状花序，侧生于前年枝上；花杂性，春季开绿紫色小花。雄花序先叶开放，萼片及花瓣各 5 枚，雄蕊 10 枚，心皮 5 枚，分离。浆果状瘦果 5 个，成熟时由红色变为黑紫色，被肉质花瓣所包。种子卵状长圆形。花粉粒具 3 孔，近球形。极面观为圆形，赤道面观为扁圆形。花粉孔圆形，大而凸出。外壁表面具刺状纹饰，刺间表面呈皱状。

【分布】分布在华北、西北、西南及华中。多生于海拔400～2 100m 的灌木丛中。

【开花泌蜜习性】泌蜜期 3～5 月。

【中毒概况】全株各部含马桑碱，有毒，可作土农药。

南烛

别名乌饭草、饱饭花、牛筋，杜鹃花科。

【形态特征】落叶小乔木或灌木。枝条无毛。叶厚纸质，卵形或椭圆形，急尖或短渐尖，基部通常圆形或心形，全缘，两面无毛或下面脉上多少有柔毛；叶柄无毛。总状花序腋生，有微柔毛，下部常有数小叶。花梗长 3～4mm（果期稍伸长），偏向下。萼裂片长三角形，急尖。花冠白色，向下，椭圆状坛形，处面有微柔毛。花丝长而弯曲，有毛，顶端有2距。蒴果球形，5 室，室背裂开，缝线加厚。

【分布】分布于西藏、云南、四川、贵州、广西、台湾，生于山坡、山谷、灌木丛或林缘。

【开花泌蜜习性】在云南 5～6 月开花，花期约 30d，盛花期有浓郁的糊香味或药味，泌蜜丰富。

【中毒概况】蜂蜜红色，结晶蜜为黄红色，味微苦，有麻感，对人有毒，但对蜜蜂无毒。

除虫菊

属菊科植物。

【形态特征】多年生草本。全株浅银灰色，被贴伏茸毛，叶下面毛更密。茎单生或少数簇生。叶互生，银灰色，长椭圆形或卵形，一至二回羽状深裂，末回裂片线性或长圆状卵形，先端钝或短渐尖，基部叶有长叶柄，上部叶近无柄，具腺点。头状花序单生于枝顶，有长梗，排成疏散不规则的伞房状；总苞片 3～4 层，外层披针形，内层椭圆形，膜质边缘及顶端膜质附片由外层向内层渐次加宽；舌状花 1 层，雌性，白色；管状花多数，两性。瘦果狭倒圆锥形，有 4～5 纵棱，光滑或有腺点。花粉粒长球形或近球形，赤道面观为椭圆形，极面观为 3 裂圆形。具 3 孔沟，沟较宽。外壁外层具细网状雕纹，表面具刺，刺末端尖。

【分布】我国各地都有栽培。花、叶干后制成末，供杀虫及制蚊香。

【开花泌蜜习性】花期 5～7 月。

【中毒概况】为著名药用植物。花粉有毒，是有毒蜜粉源植物。蜜蜂采集未见不良现象，但蜂蜜对人体有毒。

第三章 | CHAPTER 3

植物标本的制作

　　植物标本是认识蜜粉源植物并进行深入科学研究的第一手重要资料。将植物制成标本后，便于保管，有助于日后学习、研究及对照之用。目前通用的植物标本制作方法有干制（蜡叶标本）和浸制两大类。

第一节　植物蜡叶标本的制作

　　1. 采集和制作标本需要准备的常用工具

　　（1）小铲子：用以挖掘草本植物或小灌木，特别是有鳞茎、块茎的种类。

　　（2）枝剪：用以剪取枝条或带刺的植物。

　　（3）标本夹：用于压制标本，通常用木条做成，并配有捆绑用的尼龙绳带。

　　（4）吸水纸：在压制标本过程用于吸收植物体的水分，多用吸水性较好的草纸。

　　（5）海拔表：用于测量植物生长的海拔高度。

　　（6）野外记录本：用于记录植物的形态和生境特点。

　　（7）标号牌：用于对采集的标本进行编号。

　　（8）台纸：用于装订标本。

　　2. 植物标本的采集

　　我国主要和辅助蜜粉源植物有 100 多种，分别生活在不同的环境中，同一环境也生长着不同的植物。这些植物既有自身的形态特征及繁殖方式，也与环境之间存在着密切联系。因此，在野外观察植物时，要了解其所处的环境、形态特征及两者的相互关系。

　　植物的生长发育阶段随着生长季节的不同而不同，就是同一季节，各种植物的生长发育阶段也不是完全相同的，甚至极不一致，比如有的植物正在开花，有的植物则花期已经结束，有的植物可能正以果实或种子的形态埋没于土壤中而处于休眠状态。一般在春夏季节是植物的花期、结果期，因此，进行野外观察时，应选择有花、果的植物进行解剖观察，掌握这些植物的特点。在野外观察一种植物时，应按照从植物所处的环境到植物的个体，由个体的外部形态到内部结构的顺序，既要注意植物的一般性、代表性，也要能处理特殊特征。在野外采集时，要注意选材、压制及对植物特征的记录等。采集时应注意下列几点：

　　（1）要考虑需要哪一部分、哪一枝，采多大最为理想。标本的尺度是以台纸的尺度为准，数量依据植物种类的性质及野外情况和需要来决定，一般每种植物采3～5份，至少采2份，一份做学习观察之用，一份送交植物标本室保存；同时，采集时可多采些花，以作室内解剖观察之用。

　　（2）须选多花多果的枝来采，因为植物的花、果是植物分类鉴定上的依据，也可将花、果采回，经干制后置于纸袋内，附在标本上；如果是雌雄异株的植物，力求两者皆能采到，有利于鉴定。

　　（3）一份完整的标本，除花、果外，还需有营养体部分，故要选择生长发育好、无病虫害且具代表性的植物体部分作为标本。同时，标本上要具有二年生枝条，因当年生枝条尚未定型，变化较大，不易鉴别。

　　（4）对于草本植物要采全株，而且要有地下部分的茎和根。若有鳞茎、块茎，也必须采到，这样才能显示出该植物是一年生或多年生，有助于鉴定。较高大的草本可将其折成N

形或 W 形，或在同一株上选形态上有代表性的上、中、下三段压制。

（5）每采好一种植物标本后，应立即牢固地挂上号牌。号牌用硬纸做成，长 3～5cm，宽 1.5～3cm，有的号牌上还印有填写的项目。号牌必须用铅笔填写，其编号必须与采集记录表上的编号相同。

（6）一些特殊植物采集时要注意：

棕榈类植物：有大型的掌状复叶和羽状复叶，可只采一部分，但必须把全株的高度、茎的粗度、叶的长度和宽度、裂片或小叶的数目、叶柄的长度等记在采集记录表上。叶柄上如有刺，也要取一小部分。棕榈类的花序也很大，不同种的花序着生的部位也不同，有生在顶端的，有生在叶腋的，有生在由叶基造成的叶鞘下面的。如果不能全部压制时，也必须详细地记下花序的长度、宽度和着生部位。

水生有花植物：有的水生有花植物种类有地下茎，有的种类则叶柄和花柄随着水的深度增加而增长。因此，要采一段地下茎来观察叶柄和花柄着生的情况。另外，有的水生植物的茎叶非常纤细、脆弱，一露出水面枝叶就会相互贴合，失去原来的形状。因此，对于这类植物最好成束地捞起来，用湿纸包好或装在布袋里，带回来后放在盛有水的器具里。等它恢复原状后，用一张报纸，放在浮水的标本下面，把标本轻轻地托出水面，连同报纸一起用干纸夹好压起来。压上以后要勤换纸，直到把标本的水分吸干为止。

3. 野外记录

在野外采集时必须边采集边记录，记录方式有两种：一种为日记，一种为填写已打印好的表格（图 3－1）。日记适用于观察记载，表格适用于采集记录。野外每采集一种植物标本都需填写一份采集记录表。填写采集记录表时，应注意：填写时要认真负责，填写的内容要求正确、简明扼要；记录表上的采集号必须与标本上挂的号牌相同；填写植物的根、茎、叶、花、果时，应尽量填写一些在经过压制干燥后，易于失去的特征（如颜色、气味、肉质与否等）；将填好的表格按采集号的次序集中成册，不得遗失或污损。

采 集 记 录

标本号数：_____

采 集 人：_____采集号数：_____

采集日期：_____年_____月_____日

产　　地：_____

环　　境：_____地形：_____海拔：_____m

土　　壤：_____

小 环 境：_____

生　　态：_____

性　　状：_____

高　　度：_____m，胸高直径：_____m

形　　态：皮_____

　　　　　根_____

　　　　　茎_____

　　　　　叶_____

　　　　　花_____

　　　　　果_____

附　　记：_____

　　　　　_____

科　　名：_____

中 文 名：_____俗名：_____

学　　名：_____

图 3-1　植物标本采集记录表

4. 蜡叶标本的压制

在野外将植物标本采集好后，可就地进行压制，亦可带回室内压制。将标本带回压制时，需注意不要使标本萎蔫卷缩，影响标本质量。一般采用干压法，把标本夹的两块头板打开，把有绳的一块平放着做底，上面铺上四五张吸水纸，放上一枝标本，盖上两三张纸，再放上一枝标本。放标本时应注意：整齐平坦，不要把上、下两枝标本的顶端放在夹板的同一端；每枝标本都要有一两片叶背面朝上，排列到一定高度后（30～50cm），上面多放几张纸吸水纸，放上另一块不带绳子的夹板；轻轻压住夹板的一端，用

图3-2　植物标本压制

底板的绳子绑住另一端，绑的时候要略加一些压力，同时使两端高低一致，直到夹板绑好（图3-2）。新压制的标本，0.5～1d更换一次吸水纸，换下来的湿纸必须晒干或烘干、烤干，预备下次使用。换纸时要特别注意把重压的枝条、折叠着的叶和花等小心地张开、整理好，如果发现枝叶过密，可以疏剪去一部分。有些叶和花、果脱落了，要把它装在纸袋里保存，袋上写上原标本的号码。标本通常经过8～9d就完全干燥了，标本不再有初采时的新鲜颜色。针叶树标本压制时针叶最易脱落，采集后应放在酒精或沸腾的开水里或稀释过的热黏水胶溶液里浸一会儿。多肉的植物（如石蒜科、百合科、景天科、天南星科等）标本不容易干燥，通常要1个月以上，有的甚至在压制当中，还能继续生长。所以，采集后必须先用开水或药物处理，然后再压制，但花不能放在沸水里浸泡。对于肉质茎和具有地下块根、块茎、鳞茎以及肉质而多汁的花、果时，可以将它们剖开，压其具有代表性的一部分，同时详细记录它们的形状、颜色、大小、质地等。一些珍贵植物及个别特殊的植物还可以摄影，将照片与标本附在一起。

5. 蜡叶标本的制作

（1）上台纸：将已压干的植物标本，经消毒处理以后，根据原来登记的号码把标本一枝一枝地取出，标本的背面要用毛笔薄薄地涂上一层乳白胶，然后贴在台纸上。台纸一般长

42cm、宽 29cm。如果标本比台纸大，可以修剪一下，但顶部必须保留。每贴好十几份，就捆成一捆，用比较重的物品压在标本上，使标本和台纸胶贴合在一起。标本压好后，放在玻璃板或木板上，然后在枝叶的主脉左右，顺着枝、叶的方向，用小刀在台纸上各切一小长口，用镊子夹一个小白纸插入小长口里，拉紧，涂胶，贴在台纸背面。每一枝标本最少要贴 5～6 个小纸条，有的标本枝条很粗，或者果实比较大，可以用线缝在台纸上，缝的线在台纸背面要整齐地排列，不要重叠，最后线头要拉紧。有些标本的叶、花及果实等很容易脱落，可将其装在牛皮纸袋内，并把纸袋贴在标本台纸的左下角。

（2）登记和编号：把野外记录表贴在台纸左上角（图 3-3），注明标本的学名、科名、采集人、采集地点、采集日期等。每一份标本都要编上号码。同一份标本的野外记录、卡片、鉴定标签上的号码要相同。

图 3-3　登记编号并鉴定后的植物标本

（3）标本鉴定：根据标本、野外记录，认真查找工具书，核对标本的名称、分类地位等。如果已经鉴定好，就要填好鉴定标签并贴在台纸的右下角。

6. 蜡叶标本的保存

保存蜡叶植物标本的地方必须干燥通风。对于易受虫害（啮虫、甲虫、蛾等幼虫）的植物标本，一般用药剂来防除。常用处理方法如下：①标本上台纸前，要用升汞酒精饱和溶液消毒；消毒方法可以是浸渍、喷雾或笔涂；用升汞消过毒的标本，台纸上要注明"涂毒"等字样（由于升汞在空气中对人体有害，使用时要注意）；②往标本橱里放精萘粉、樟脑精等有恶臭的药品；③用二硫化碳熏蒸。二硫化碳熏蒸的方法杀虫效果很好，但杀虫效力持续时间较短，所以每次要熏两次才行；在标本橱里放精萘粉。把精萘粉用软纸包成若干小包（每包100～150g），分别放在标本橱的每个格里，此法简便，效果不错。

对标本尤其是原始标本一定要好好爱护，不能曲折。使用标本时，顺着次序翻阅以后，要按照相反的次序，一份一份地翻回，同时立刻放回原处。阅览标本的时候，如果定名签、鉴定标签脱落，应把它照旧贴好。在查对标本的时候，不要轻易解剖标本。

第二节　植物浸制标本的制作

浸制标本是用防腐剂和保色剂将植物标本浸泡到标本瓶中的标本，用以保持植物原有形状与色泽，用于保存果实和蔬菜标本。对那些柔软多汁，不易干燥或干燥后易变形的植物材料，多采用浸泡的方法制作标本。浸制过程包括固定和保存两个步骤，根据植物材料颜色的不同可采用不同的制作方法。

1. 防腐保存方法

此法是将甲醛以蒸馏水或冷开水稀释为5％～10％的水溶液，其浓度高低视标本的含水量而定，含水量高的溶液浓度宜高。然后将标本洗净整形，投入该溶液中。如标本浮于液面而不下沉，可采用玻璃片或瓷器等重物压入溶液中。甲醛为应用最普遍的防腐剂，此法只适宜保存标本形状，而不能保存标本原有色泽。

2. 绿色标本保存方法

绿色标本有三种保存方法：

（1）将绿色标本洗净整形后，放入5％硫酸铜水溶液中，浸1～3d，取出用清水漂洗数次，再保存于5％甲醛溶液中。

（2）取醋酸铜（或硫酸铜）粉末，徐徐加入5％乙酸溶液内，用玻璃棒搅拌，直至饱和状态，即成原液。将原液用蒸馏水稀释4倍，把稀释液和标本同时放入烧杯加热，标本渐变黑色后继续加热，直至变为绿色时立即停止加热。取出标本，用清水漂洗数次后，再放入5％甲醛溶液中保存。此法手续较复杂，但所制标本可经久不变。该法适用于保存果蔬、叶、幼苗等。

（3）取硫酸铜饱和溶液700mL，加入甲醛溶液50mL，加水至1 000mL。将植物标本浸入该溶液10d左右，取出用清水漂洗数次，再浸入5％甲醛溶液中保存。此法适用于体积较大，表面具蜡质且蜡质较多的果蔬、茎、叶标本。

3. 黄色或淡绿色标本保存方法

（1）将标本浸入0.1％～0.15％亚硫酸溶液中，如果实为淡绿色，可在1 000mL的浸液中加入50mL的5％硫酸铜溶液。此法适用于桃、杏等果实。

（2）将亚硫酸100mL与800mL的水混合，待澄清后再加入95％酒精100mL，将标本投入此溶液保存。如果实为绿色，可在1 000mL浸液中加入50mL的5％硫酸铜溶液。此方法适用于梨、葡萄和苹果等果实。

（3）将 0.1％～0.15％亚硫酸 1.5mL、氧化锌 2g、水 100mL 配成浸液，或取 0.1％～0.15％亚硫酸 3mL、甘油 1mL、水 100mL，配成浸液。此立法适用于柿、柑橘等果实。

4. 黑色、紫色标本保存法

取 5％甲醛 45mL、酒精 280mL、蒸馏水 2 000mL 混合，以澄清液保存标本。此方法适用于保存深褐色、黑紫色的果实。

5. 红色标本保存法

材料先经固定液浸泡（一般 1～3d），待果皮颜色变为深褐色后，取出移入保存液中。固定液配方：水 400mL、甲醛溶液 4mL、硼酸 3g。保存液配方：0.15％～0.2％亚硫酸溶液中加入硼酸少许。

6. 白色标本保存法

取氯化锌 22.5g，溶于 63mL 水中，搅拌促其溶解，再加入 85％酒精 90mL，取澄清液保存。此方法适用于保存白色的果实。

保存液配好后放入标本瓶中，把洗净的标本放入其中浸泡，加盖后用熔化的石蜡将瓶口严密封闭，贴上标签（注明标本的科名、学名、中文名、产地、采集时间和制作人），放置阴凉处妥善保存。

主要参考文献

董霞，2010. 蜜粉源植物学［M］. 北京：中国农业出版社.

红霞，音扎布，高艳春，等，2008. 民间药用 4 种胡枝子的花粉形态研究［J］. 中国民族民间医药，17（9）：25-27.

柯贤港，1995. 蜜粉源植物学［M］. 北京：中国农业出版社.

李天庆，曹慧娟，康木生，等，2011. 中国木本植物花粉电镜扫描图志［M］. 北京：科学出版社.

李英华，胡福良，朱威，等，2005. 我国花粉化学成分的研究进展［J］. 养蜂科技（4）：7-16.

梁建萍，2016. 植物学实验实习教程［M］. 北京：中国农业出版社.

罗术东，李海燕，2014. 蜜蜂授粉与蜜源植物［M］. 北京：中国农业科学技术出版社.

马炜梁，王幼芳，李宏庆，2009. 植物学［M］. 北京：高等教育出版社.

彭广芳，周曙明，张素芹，1985. 我国曼陀罗属的花粉形态及其在分类上的意义［J］. 中国科学院大学学报，23（1）：29-35.

卿卓，苏睿，董坤，等 .2014. 花蜜化学成分及其生态功能研究进展［J］. 生态学杂志，33（3）：825-836.

沈镇昭，梁书升，2001. 中国农业年鉴 2001［M］. 北京：中国农业出版社.

舒金帅，2016. 青花菜雄性不育系开花特性及花蜜分泌调控机制的研究［D］. 北京：中国农业科学院.

舒金帅，刘玉梅、李占省，等，2014. 青花菜两类雄性不育系花蜜含量及成熟蜜腺的超微结构［J］. 园艺学报，41（S）：2688.

王伏雄，钱南芬，张玉龙，等，1995. 中国植物花粉形态［M］. 北京：科学出版社.

王文和，关雪莲，2015. 植物学［M］. 北京：中国林业出版社.

吴杰，2012. 蜜蜂学 [M]. 北京：中国农业出版社.

徐万林，1992. 中国蜜粉源植物 [M]. 哈尔滨：黑龙江科学技术出版社.

许清海，2015. 中国常见栽培植物花粉形态——地层中寻找人类痕迹之借鉴 [M]. 北京：科学出版社.

中国科学院中国植物志编辑委员会，1983. 中国植物志：第七十六卷·第一分册 [M]. 北京：科学出版社.

中国科学院中国植物志编辑委员会，1996. 中国植物志：第四十四卷·第二分册 [M]. 北京：科学出版社.

朱琨，2013. 卫星搭载不同紫花苜蓿品种花粉形态的扫描电镜观察 [J]. 草地学报，21（4）：828－830.

Baker H G, Bakcr I, 1982. Chemical constituents of nectar in relation to pollination mechanisms and phylogeny [M]. Chicago：University of Chicago Press.

Beutler R, 1953. Nectar [J]. Bee World, 34：106－116.

Carter C, Shafir S, Yehonatan L, et al, 2006. A novel role for proline in plant floral nectars [J]. Naturwissenschaften, 93：72－79.

Gardener M C, Gillman M P, 2002. The taste of nectar：A neglected area of pollination ecology [J]. Oikos, 98：552－557.

González－Teuber M, Heil M, 2009. Nectar chemistry is tailored for both attraction of mutualists and protection from exploiter [J]. Plant Signaling and Behavior, 4：809－813.

Herrera C M, Pérez R, Alonso C, 2006. Extreme intraplant variation in nectar sugar composition in an insect－pollinated perennial herb [J]. American Journal of Botany, 93：575－581.

Kram B W, Bainbridge E A, Perera M A D N, et al, 2008. Identification, cloning and characterization of a GDSL lipasesecreted into the nectar of Jacaranda mimosifolia [J]. Plant Molecular Biology, 68：173－183.

Nicolson S W, 2007. Amino acid concentrations in the nectars of southern African bird－pollinated flowers, especially Aloe and Erythrina [J]. Journal of Chemical Ecology, 33：1707－1720.

Petanidou T, 2005. Sugars in mediterranean floral nectars: an ecological and evolutionary approach [J]. Journal of Chemical Ecology, 31: 1065 – 1088.

Wykes G R, 1952. An investigation of the sugars present in the nectar of flowers of various species [J]. New Phytologist, 51: 201 – 215.

Zimmerman M, 1983. Plant reproduction and optimal foraging: experimental nectar ma‐nipulations in Delphinium nelsonii [J]. Oikos, 41: 57 – 63.

主要参考文献

图书在版编目（CIP）数据

常见蜜粉源植物 / 何祥凤，徐书法主编. —北京：中国农业出版社，2021.11
（专业园艺师的不败指南）
ISBN 978-7-109-23698-1

Ⅰ.①常… Ⅱ.①何… ②徐… Ⅲ.①蜜粉源植物 Ⅳ.①S897

中国版本图书馆 CIP 数据核字（2017）第 318862 号

中国农业出版社出版
地址：北京市朝阳区麦子店街 18 号楼
邮编：100125
责任编辑：谢志新 郭晨茜
版式设计：杜　然　责任校对：吴丽婷
印刷：中农印务有限公司
版次：2021 年 11 月第 1 版
印次：2021 年 11 月北京第 1 次印刷
发行：新华书店北京发行所
开本：880mm×1230mm　1/32
印张：5.25
字数：150 千字
定价：60.00 元